마당 있는
집을
지었습니다

초판 1쇄 발행 2019년 11월 20일

글 | 홍만식, 홍예지
펴낸이 | 계명훈
기획 · 진행 | fbook(02-335-3012)
　　　　　　김수경, 김연, 박혜숙, 김진경, 함세영
마케팅 | 함송이
경영지원 | 이보혜
디자인 | design group ALL(02-776-9862)
사진 | 김용순, 김재윤, 이한울
일러스트 | 고영희
교정 | 김혜정
인쇄 | 다라니인쇄
펴낸 곳 | for book 서울시 마포구 공덕동 105-219 정화빌딩 3층
　　　　　 02-753-2700(판매)　02-335-3012(편집)
출판 등록 | 2005년 8월 5일 제 2-4209호

값 22,000원
ISBN 979-11-5900-073-7　13590

마당 있는 집을 지었습니다

건축가 홍만식

기자 홍예지

함께 만든 책

출판사 포북

건축가 홍만식은 이렇게 말했습니다

마당 있는 집에 살고 싶다.

이 말 한번 안 해 보고
사는 사람이 있겠습니까?
그런데 마당, 마당, 노래하면서도
마당을 가지지 못하는 이유는 무엇일까요?
아마도 마당이라는 것을 너무나
거창한 무엇으로 생각하기 때문일 겁니다.
그래서 이 책을 만들었습니다.
마당은 꿈이나 희망이 아니라 선택,
마음먹기에 따라 얼마든지 가질 수 있는
그 무엇이라는 걸 보여 드리고 싶었습니다.

살면서…
나와 내 가족을 위한
마당 하나쯤은
가져도 되지 않겠습니까?

마 당 있는 집에 살고 싶다

마당 하나 가지고 살아 본다는 것

01
마당은 집이고, 밥이고, 숨이다

설계를 진행하며 깨달은 바가 있다. 사람들이 단독 주택을 꿈꾸는 이유, 그것은 단독 주택이 가족의 보금자리와 '자유'를 한꺼번에 얻을 수 있는 장소이기 때문이다.

설계를 시작하기에 앞서 주택에서 생활할 예정인 가족들에게 각자 원하는 공간을 생각하고, 그려 보고, 그것을 메모하는 시간을 갖게 한다. 그 과정에서 보면 사람들은 층간 소음으로 인한 스트레스에서 벗어나고, 협소한 공간에서 비롯되는 시선에서 자유로워지고 싶어 한다. 더 나아가 주어진 공간을 두고 저마다의 필요에 따라 계획을 세우고, 공간을 나누고, 다듬는 일을 즐거워한다.

획일화된 공동 주택에서 시도조차 하지 못했던 일이 단독 주택에서는 가능하기 때문이다.

'어떤 집에서 살고 싶은지' 계획을 세우는 것과
동시에 '어떤 삶을 살 것인지'
자연스럽게 연계되는 계기가 되는 셈이다.

서재와 작업실 같은 개인 공간을 마련하고, 다락에서 하늘을 보고, 마당에서 바비큐를 즐기거나 가족 공동 부실이 넓어지는 것! 공간을 설계하다 보면 거주자들이 어떤 삶을 살고 싶은지에 대한 구체적인 콘텐츠가 한데 모인다.

한 가지 주목할 점은 주택으로 시선을 옮기면서 선물처럼 따라오는 공간이 바로 마당이라는 점이다.

정유진, 초등학생. 2014. 9, 경남도민일보에 소개된 집 그림.

계획했든 아니든 마당으로 인해 거주자들의 라이프스타일에 일대 변화가 생기는 것은 자연스러운 일이다. 마당의 크기는 상관없다. 그곳으로 바람이 오가며, 자연과 만나고, 더불어 거주자들이 마당으로 한데 모이는가 하면, 그 과정에서 라이프스타일에 변화가 생긴다. 썩 기분 좋은 변화다.

설계 단계에서 구조적으로 마당이 필요한 곳도 있지만, 마당이 필요하지 않은 구조라 해도 주택마다 마당을 주인공 삼았던 이유가 바로 여기에 있다.

아울러 프로방스, 모던, 현대 한옥, 유럽풍 등 다양한 형태로 우후죽순 지어진 단독주택 사이에서 우리의 삶과 잘 어울리는 주택 유형은 무엇일까, 하는 고민도 '마당'이라는 공간을 통해 실마리를 풀어 나갈 수 있다.

어린 시절 대문을 열고 들어서면 만나던 소박한 마당을 떠올려 보자. 더 거슬러 올라가면 한옥의 너른 마당과도 만난다. 아파트가 생기기 전, 우리는 내내 마당 있는 집에서 살았다는 것을 금세 기억해 낼 수 있다.

반면 요즘 초등학생들에게 자기 집이나 미래에 살 집을 그려 보라고 하면 어떤 집을 그릴까? 대다수는 호수가 있는 현관문이나 텔레비전이 놓인 거실, 넓은 안방, 층간소음에 신경 쓰며 조심조심 걸어 다니던 일화 등을 떠올릴 것이다.

요즘 초등학생이 그린 그림(사진 첨부)에서 알 수 있듯이 '집'이라는 곳이 아이들에게는 단순히 하나의 큰 존재로서 겉모습 위주로만 표현된다는 것을 알 수 있다. 집과 함께 그려진 물체나 주변의 모습들도 집과 직접적인 연관이 없어 보인다. 한편 집 내부는 아파트 구조를 연상케 한다. 외부 공간과 별 관계없이 큰 빌딩 속에서 생활하는 우리네 모습을 유추해 볼 수 있는 장면이다.

02
생활이 녹아 있는 한옥 '운조루' 마당에서 배우다

한때 나는 단독 주택을 설계하며 옛 한옥 마당을 찬찬히 들여다볼 수 있는 기회를 얻었다. 바로 전남 구례의 '오미동가도'에 나타난 마당이다. 호남 지방의 대표적 한옥인 운조루(雲鳥樓)가 지어질 당시의 모습을 추정해 볼 수 있는 그림으로, 건축이 아니더라도 이 자체만으로도 많은 연구가 진행되고 있다.

전남 구례 '오미동가도'는 사방전도묘법이란 도법으로 그렸다. 마당을 중심으로 각 마당에서 본 입면을 사방으로 전개해 그린 그림이다. 이 도법을 통해 보면 운조루의 여러 특징을 발견할 수 있는데, 가장 큰 특징은 마당들을 중심으로 각 마당의 풍경이 독립적으로 콜라주되어 전체를 구성하고 있다는 점이다. 표현이 우화적이고 정확하지는 못해도 집의 중심을 마당으로 여기는 선인들의 생각은 분명히 알 수 있다.

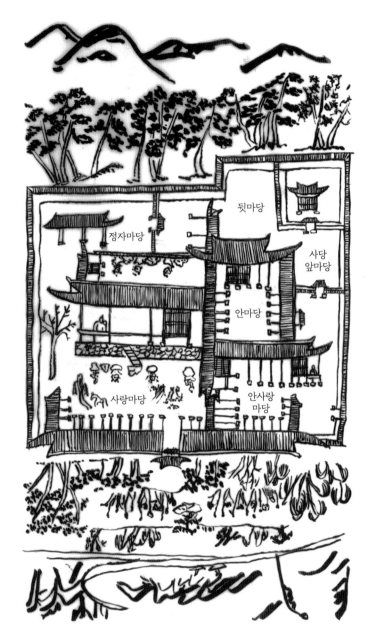

정자마당

뒷마당

사당
앞마당

안마당

사랑마당

안사랑
마당

전남 구례 <오미동가도>.

운조루는 독특한 성격을 가진 7개의 마당 <사랑마당, 안마당, 안사랑마당, 사이마당, 정자마당, 뒷마당(후정), 사당 앞마당>을 가지고 있다.

우리는 한옥 마당의 다양한 건축 언어를 오늘날의 라이프스타일에 맞춰 적용한다면, 지속 가능한 문화적 요소를 오늘날의 주택에도 구현할 수 있을 것이라 기대했다.

특히 한옥 마당은 공동체적 일상을 고스란히 담고 있는 생활 공간이기도 하다. 바람의 통로가 되고, 일상생활이 이뤄지며, 사계절을 담고, 가족 행사가 진행되던 또 하나의 집이 한옥 마당인 셈이다. 덩그러니 나무가 주인인 채 비어 있는 공간이 아닌 절기에 따라, 가족의 일상사에 따라 생활이 이루어지던 곳이 마당, 즉 생활 마당이다. 이런 공동체적 공감대가 녹아 있는 건축 원리와 지혜가 오늘날의 현대 주거 건축과 맞물린다면? 상상만으로도 기대하지 않을 수 없다.
운조루에는 마당이 주는 많은 이야기와 교훈이 담겨져 있다. 과거로부터 이어져 내려온 마당은 현재의 삶과 맞물려 집과 다양한 방식으로 어우러진다. 뿐만 아니라 마당은 미래의 삶과도 대응해 나갈 잠재성을 기대할 수 있다. 운조루에 담긴 생활 마당으로서의 이야기와 교훈에 대해 좀 더 자세히 살펴보자.

일상과 삶의 과정을 담는 멀티 스페이스

예부터 마당은 단순히 빈 공간이 아니라 생활 공간으로 존재했다. 우리는 이곳을 삶으로 채워 나간다. 그 기간을 따지자면, 자연의 시간으로는 일 년 사시사철일 것이고 인간의 시간으로는 태어나서 죽을 때까지일 것이다. 주택의 내부 공간은 목조 구조의 한계로 크기가 한정되기 때문에 넓은 공간을 필요로 하는 일은 대부분 마당에서 이뤄졌다고 해도 과언이 아니다.

농경 사회의 관점에서 볼 때, 마당은 여러 작업이나 일상생활의 장소로서 유용하게 자리했을 것이다. 또한 마당은 관혼상제와 같은 큰 행사 등 많은 사람이 모일 수 있는 공간으로서의 역할도 충실히 해내는 장소였다.

전통 혼례를 치르는 사랑마당 풍경.　　농사일로 채워지는 사랑마당의 모습.

다방면의 영역을 나누고 연계하는 마당

운조루에서는 여러 영역이 마당과 채로 구분되거나 연계되는 모습을 볼 수 있다. 사랑채와 안채로 남성 영역과 여성 영역이 나뉘고, 본채와 행랑채로 주인 영역과 하인 영역이 구분된다. 아울러 집 한 켠의 사당으로 산 자와 죽은 자의 영역을 나누기도 한다. 한편, 뒤쪽 정자는 일상의 영역과 탈일상의 영역을 구분해 준다.

이러한 영역의 구분은 사회적, 계급적, 행위적 삶이 복합적으로 겹쳐져 있음을 보여 준다. 마당은 나누는 장소이자 연계하는 장소로서 이중적으로 작동하고 있는 것이다.

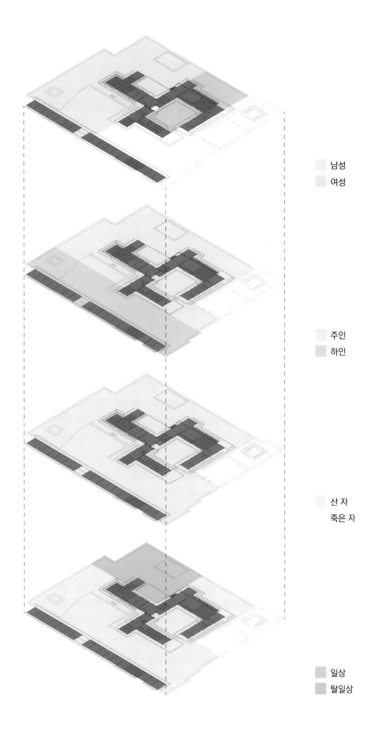

남성
여성

주인
하인

산 자
죽은 자

일상
탈일상

남녀, 주인과 하인, 산 자와 죽은 자, 그리고 일상과 탈일상 등
모든 삶의 영역을 나누고 연계하는 운조루 마당.

채광과 환기에 최상의 조건을 갖춘 마당

집을 얘기할 때 홑집과 겹집이라는 말을 할 때가 있다. 겹집은 아파트 평면을 예로 들 수 있다. 대부분의 남향 30평대 아파트는 가운데 복도를 중심으로 남쪽에 안방, 거실, 건넌방이 있고, 뒤쪽으로는 부엌/식당과 욕실, 방이 하나 더 있는 구조로 구성돼 있다. 이러한 구조는 북쪽에 배치된 실들에 채광이 되지 않고 외기를 접하는 부분이 협소해 집 전체의 환기에 불리하다. 우리가 아파트 생활로 인해 당연시되어 온 이러한 평면 유형은 아파트뿐 아니라 저층 단독 주택들에도 그대로 나타나고 있어 안타까울 때가 많다. 최대한의 밀도와 용적을 만들기 위해 생긴 아파트의 겹집 평면이 가장 좋은 유형으로 잘못 인식된 사례다.

이와는 반대로 과거 주택들은 겹집이 아닌 홑집으로 마당과 주택 내부가 함께 구성돼 자연 채광과 환기에 최상의 조건을 지니고 있었다. 때문에 마당이 있는 홑집은 일상과의 관계를 만들면서 자연의 혜택인 채광과 환기를 최대로 누릴 수 있는 유형이라고 볼 수 있다.

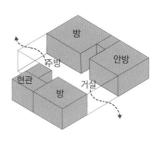

채광과 환기에 유리한 홑집(운조루)

안채
안마당
사랑채
사랑마당

채광과 환기에 불리한 겹집(아파트 Unit)

방
안방
주방
현관
방
거실

마당이 있는 홑집은 자연 채광, 환기 등 자연의 혜택을 고스란히 누릴 수 있도록 구성되어 있다.

하늘과 자연을 고스란히 담는 방식

운조루의 마당들은 주변 자연환경을 다양하게 담아낸다. 마당의 영역적 지위나 개방 정도 등에 따라 주변 자연을 담아내는 방식을 다르게 경험할 수 있다. ㅁ자의 닫힌 구조를 한 안마당은 밖을 바라보기보다는 한쪽에 위치한 목련과 함께 하늘을 수직적으로 담아내는, 깊은 우물과도 같은 모습이다. 또한 마당보다 높은 대청에서는 닫힌 구조임에도 불구하고 마당 건너로 먼 산이 살짝 보인다.

ㅡ자형의 사랑채 앞에 놓인 사랑마당은 집에서 가장 넓은 마당으로 다양한 수종의 나무가 심어져 있고, 주변 자연환경이 하늘과 함께 한눈에 보인다.

뒤쪽에 위치한 정자마당은 뒷산을 배경으로 담장으로 둘러싸인 아늑한 공간을 만듦과 동시에 주변의 나무와 함께 하늘 정원 같은 풍경을 선사한다.

부엌과 연계된 사이마당 역시 이 집에서 가장 작은 마당이지만 담장을 따라 줄지어 심어진 꽃나무들과 지붕 처마가 함께 어우러진 하늘의 모습이 또 다른 풍경을 자아낸다.

이처럼 운조루의 마당들은 그 용도나 지위에 따라 다양한 풍경을 연출한다.

깊은 우물을 연상시키는 안마당 풍경.

사랑채에서 바라본 사랑마당. 주변 자연환경이 하늘과 함께 한눈에 보인다.

마당으로 확장되는 개성 있는 방들

운조루의 방은 단순한 내부 공간이 아닌, 채에 속해 있으면서 마당으로 확장되는 모습을 보인다. 그러한 관계의 면모는 무척 다양하다. 대표적으로 내부에서 바로 마당으로 나갈 수 있는 방을 들 수 있다. 또한 마루를 거쳐 마당과 이어지는 방은 삶에 따라 가변적 확장성을 보인다. 안채의 안방과 건넌방은 대청으로 이어지고 다시 대청은 안마당으로 확장된다. 이때 방과 대청, 그리고 마당은 하나가 되어 다양한 일상생활을 담는 역할을 수행한다.

한편, 큰 사랑채에 위치한 사랑방과 사랑마당은 누마루를 통해 연계되고 사랑채 뒤편에 위치한 사랑방과 사이마당은 툇마루를 통해 확장되는 모습을 보인다. 누마루와 사랑마당으로 이어지는 사랑방은 주변의 산과도 이어져 방과 마당이 주변 환경 전체로 확장되는 느낌을 얻을 수 있다. 이와는 반대로 뒤쪽 툇마루와 사이마당으로 이어지는 사랑방은 아늑하고 작은 정원을 통해 사색을 즐기기 좋다. 이곳은 부엌에서 오는 식사를 옮기는 통로로도 활용됐을 것이다.

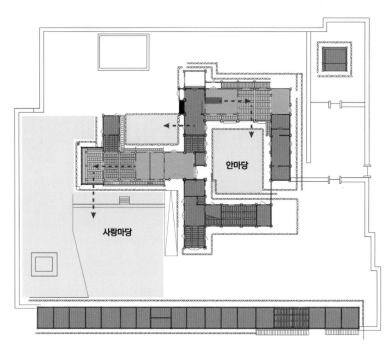

운조루의 방들은 채에 속해 있으면서 마당으로 확장되는 모습을 보인다.

누마루를 통해 마당과 주변 환경으로 확장되는 모습.

대청을 통해 방에서 마당으로 확장되는 풍경.

편리한 일상생활을 위해 분리, 연결된 마당

운조루의 마당은 다양한 일상생활을 전제로 생성됐다. 마당이 각 채와 함께 구성되다 보니 명칭에 있어서도 채의 이름을 따르고 있다. 이러한 마당들을 현대 생활과 연관 지어 보면 설명이 쉬워진다.

사랑마당은 외부인이 집에 들어서면서 만나게 되는 첫 마당이었다. 때문에 진입 마당의 성격을 가짐과 동시에 과거 농경 사회와 관련된 작업 마당이었다. 아울러 안마당은 안주인이 대부분의 일상을 보내는 생활 마당이었을 것이다. 메주를 만들거나 김장을 하는 등 의식주와 관련된 작업을 하는 마당이었다.

또한 사이마당이나 뒷마당은 부엌 활동의 서비스 기능을 하는 부엌 마당의 성격이 짙다. 이러한 마당은 직접 보이기 싫은 부분에 위치해 있기에, 주인이 다니는 주 동선과 분리된다. 덕분에 하인들이 편하게 사용할 수 있었을 것이다.

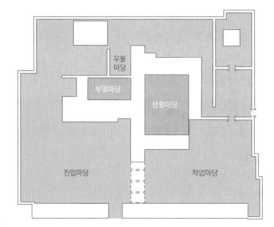

다양한 일상생활을 전제로 편리를 위해
지혜롭게 구성된 운조루의 마당.

우물과 함께
부엌 마당 역할을 하는
뒷마당 풍경.

숨바꼭질하기 좋은 놀이터

집을 설계하기 전, 건축주에게 집에 대한 요구 사항을 적은 내용을 숙제처럼 요청하곤 한다. 이러한 숙제는 가족 구성원이 전부 참가하는 것이 좋다. 이때 어린 자녀들은 집이 단순하고 조용하며, 따분한 곳이 아니라 밝고, 재미있고, 즐거운 놀이터 같은 곳이 되기를 희망한다. 아파트 같은 내부 지향적인 다층 집은 이런 점에서 불리하다. 무엇보다 층간 소음에 신경 쓰게 되니 단조롭고 얌전한 구성을 피할 수 없다. 이러한 측면에서 보면 운조루 같은 한옥은 열리고 닫히는 마당의 구성과 높낮이에 따른 지반의 변화, 방과 마당 사이의 마루 공간 등을 통해 숨바꼭질하기 좋은 놀이터가 된다. 또한 마당은 사계절, 절기의 변화를 통해 성장하고 변화한다. 아이들의 흥미를 자극하는 이 변화무쌍함이야말로 마당이 놀이터 역할에 안성맞춤이라는 증거다.

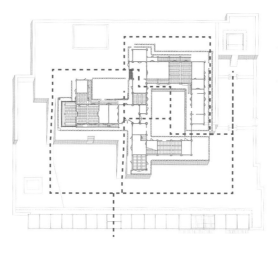

구분되어 있으나 하나로
연결되어 곳곳에 숨을 만한
공간이 많은 운조루 마당.

좁아서 더 흥미진진한
담장과 채간.
아이들이 좋아하는
공간이다.

안과 밖의 차이와 반복 경험

오늘날의 집에서 우리는 어떤 이미지를 떠올릴 수 있을까? 인터넷을 통해 집을 검색해 보면 외부 모양새를 보여 주는 이미지와 내부 인테리어 이미지가 따로 나열돼 있다. 이러한 모습은 일반인이 집을 바라보는 관점을 나타낸다. 사람들은 집의 안과 밖을 따로따로 생각하고 있는 것이다. 운조루와 같은 한옥은 한 컷의 사진으로 집 전체의 형태를 담을 수 없다. 그리고 그것은 외부 공간인 마당도 마찬가지다. 연지(蓮池, 연꽃을 심은 못)에서 사랑마당은 안이 되지만 안마당에서 사랑마당은 밖이 된다. 또한 안마당도 사랑마당에서는 안이지만, 안방에서는 밖이 된다. 이처럼 안과 밖이 반복적으로 교차하는 마당과 실(室)의 관계는 단순한 시각적 경험 외에도 풍부한 공간적 경험을 누리게끔 돕는다.

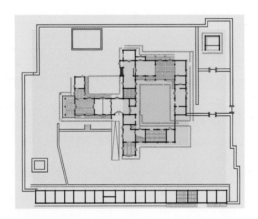

안과 밖이 반복적으로
교차하는 구조.

안과 밖의 반복으로
생기는 깊이감은
공간을 보다 풍부하게
경험할 수 있게 하는
요소다.

채들이 모여 구성되는 마당

운조루의 7개 마당은 홀로 존재하지 않는다. 각자의 마당은 이름에서도 알 수 있듯이 채와 함께 구성되고 그에 의해 다양한 모양새를 띤다. 여러 전통 한옥에서도 확인할 수 있듯 채들은 신분과 성별에 따라 개방성과 접근성이 결정되고, 채와 마당의 구성은 지형이나 주변 환경에 따라 달라진다. 이들 각 채와 마당은 —자, ㄱ자, ㄷ자, ㅁ자, 공(工)자 등의 유형이 서로 합쳐지면서 다양한 구성으로 완성된다. 운조루는 안채와 사랑채, 안사랑채, 행랑채, 곳간채, 사당, 정자로 구성돼 있다.

안채, 사랑채, 곳간채 등
여러 개의 채가 모여 구성된
운조루의 합리적인 배치.

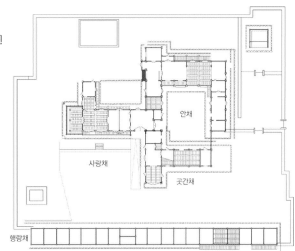

각 채 사이에는 크고 작은 다양한 마당이 모여 있다.

잘 어우러지는 담장과 마당

담장은 필지의 경계를 만들거나 마당을 구획하는 건축적 요소다. 하지만 운조루의 오미동가도를 보면 담장이 본래의 역할을 뛰어넘어 눈을 즐겁게 하는 풍경 그 자체가 된다는 것을 확인할 수 있다.

첫째로 행랑채와 이어지는 담장은 집 전체를 에워싸면서 일차적인 집의 보안성을 확보하는 경계 담장의 역할을 하고 있다. 두 번째로 안채 부엌과 연계되는 사이마당을 구획하는 담장은 담장 아래 꽃나무와 어우러져 조경 담장의 역할을 하고 있다. 세 번째로 사당과 본채의 영역을 나누는 담장은 두 겹으로 만들어 진입이 단계적으로 이뤄지도록 유도한다. 사당에 신적 위엄을 부여하는 차단벽으로 이용하기 위함이다. 마지막으로 사랑마당과 정자마당 사이의 벽과 우물터를 구획하는 담장은 시선을 차단하는 가림벽의 역할을 한다.

경계 담장의 역할을
하고 있는 행랑채와
이어지는 담장.

조경과 어우러진
조경 담장.

지붕이 만드는 집들의 다정한 구성

한옥의 지붕은 맞배, 우진각, 팔작, 모임지붕으로 구분된다. 한옥 지붕은 정면이나 측면 등 바라보는 각도에 따라 다양한 선형을 보여 준다. 특히 주변 산야와 어우러진 지붕의 모습은 자연스러운 어울림을 만들어 낸다. 운조루는 맞배, 팔작, 우진각으로 구성돼 있다. 진입하면서 보이는 행랑채는 맞배지붕으로 가장 소박하고 낮은 지위의 건물에 쓰인다. 대문의 지붕은 긴 선형의 행랑채보다 수직적으로 높여 이곳이 집의 입구임을 드러낸다.

대문에 들어서면 만나는 작은 사랑채는 우진각지붕을 하고 있다. 우진각지붕은 사랑마당에서 보이는 모서리 부분이 보다 조형적으로 나타나도록 돕는다.

또한 작은 사랑채와 만나는 큰 사랑채와 안채는, 높이를 더 높게 하면서 팔작지붕으로 구성해 모든 방향에서 지붕의 수려함을 돋보이도록 만든다. 이는 이 채를 사용하는 사람이 다른 채를 사용하는 이들보다 높은 계급을 지녔다는 점을 드러내기 위해서다.

이처럼 지붕은 구성의 아름다움과 함께 계급적 사회 질서의 형식미를 잘 표현하고 있는 건축 요소다.

맞배지붕의 행랑채.

팔작지붕의 큰 사랑채.

우진각지붕의 작은 사랑채.

하늘에서 내려다본 운조루 전경.

03
마당의 라이프스타일에 관심을 갖다

이 책에서 다루고자 하는 내용은 단독 주택과 그 단독 주택의 마당에 관한 이야기다. 그 마당은 담 높은 어느 저택의 그림처럼 펼쳐진 정원 마당이 아니라 삶이 어우러진 생활 마당이다. 똑 떨어지는 정답을 찾으려는 작업이 아니다. 그저 서울 한구석의 작은 사무실에서 설계도와 씨름하는 미천한 건축가의 상상력이 빚어낸 결과물일 뿐이다.

이곳에서 언급하는 이야기들은 한 건축가와 그 건축가의 생각을 정리하는 이들의 시선일 뿐, 책을 써 내려가는 이 순간에도 훨씬 다양하고 가치 있는 마당들이 만들어지고 있다는 것을 인정한다. 마당이 단순한 공간을 넘어서 우리의 삶과 함께 스스로 진화한다는 의미이기도 하다.

우리는 오랜 기간 심혈을 기울여 마당을 표현하는 다양한 방법을 모색했다. 또한 독자들이 좀 더 쉽고 편안하게 이해할 수 있게 돕고자 노력했다.

1부에서는 도시, 근교, 자연 등 주거 환경에 따라 다양한 모양과 기능을 갖춘 마당의 특징을 자세한 사진 자료와 함께 설명하고자 한다. 주거 환경에 따라 마당의 위치가 달라지기도 하고, 쓰임새에 변화가 생기기도 하는 과정을 살펴볼 수 있다.

2부에서는 라이프스타일에 맞춘 마당의 구성과 마당이 만들어 내는 풍경, 그리고 지붕과 다락의 다양한 사용에 대해 소개한다. 이 방법으로 마당을 들여다보면 단순히 정원수가 주인인 마당을 넘어선 생활 마당을 보다 구체적으로 만날 수 있다.

주택은 나날이 늘고 있지만 마당 공간은 여전히 잡동사니들을 보관하는 장소이거나 잔디가 깔린 텅 빈 장소로 인식되고 있다. 그뿐인가. 마당에 식재되는 조경을 '추가 비용'이라고 인식해 그 뒤에 누릴 수 있는 혜택을 얻지 못하는 일도 적지 않다. 어쩌면 세태에 따라 마당이 사람들의 삶과 더 멀어질지도 모른다.

그런데도 우리는 마당에 주목한다.
우리가 잃었던 그 무언가가 마당에 있기 때문이다.
이제는 되돌릴 차례다.

다양한 사례와 각 지역에 관한 팁들, 마당이 만들어 내는 풍경들을 통해 이 글을 읽는 독자들이 마당의 가치를 경험해 보길 바란다.

2019년 11월
홍만식 · 홍예지

2

삶을 바꾸는 작은 움직임들

지금 우리에게
마당이
꼭 필요한 이유

마당과 라이프스타일

마당과 풍경들

지붕 형태와 다락의 유형

1

라이프스타일에 맞춰 지은

열두 채의 집
그리고
생활 마당

도시에서
프라이빗한 마당을
갖는다는 것

도시 지역 마당은 인접 필지에 건물이 들어서는 것을
고려한 마당 스케일이 중요하다.
이 지역은 신규 택지 개발 지구이거나 오래전부터 있어 온
기존 단독 주택지가 대부분이다.
필지들의 밀도도 높기 때문에 개방된 조망을 확보하기 어렵다.
따라서 주로 가로(시가지의 도로)와의 관계에 의해서 주 진입, 주차 확보,
조망과 채광 확보 등을 고려해 마당을 형성한다.
이러한 경우 옆 필지들이나 가로에서부터의
시선을 차단하는 개인 영역의 확보가 중요시되기에
자연스럽게 마당이 내부화되는 경향을 보인다.

도시 위의 오아시스, [창원 다픈집]

WISH LIST

남편

- 의사로서 평소 긴장도가 높고 타이트한 스케줄의 업무를 소화하는 편이므로 퇴근 후 집에서 긴장을 풀거나 즐길 수 있는 나만의 힐링 공간을 원합니다.
- 학회 참석 등으로 인해 호텔에 자주 가는 편입니다. 개인적으로 부산에 있는 한 호텔의 바(Bar) 분위기를 좋아해 비슷한 콘셉트의 공간이 우리 집에도 있으면 좋겠습니다.
- 부부 공간, 자녀 공간, 부부 각자의 공간이 필요합니다. 내부와 외부가 공존하거나 내부에서 작은 마당을 조망할 수 있었으면 합니다.

아내

- 갤러리나 작업 공간은 친구나 손님들이 편안히 드나들 수 있는 반면, 주거 공간은 프라이버시를 지키고 싶습니다.
- 집 안 곳곳에 그림을 걸거나 책을 읽을 수 있는 창의적인 자투리 공간을 바랍니다.

- 외부와 연결되는 장소에서는 평상 같은 곳에 걸터앉아 비와 눈을 바라볼 수 있으면 좋겠습니다.
- 작업실이 필요합니다. 1인 작업실이라기보다는 공동 작업실 개념으로요. 충분한 수납공간과 긴 테이블, 이젤과 물감, 물통을 놓고 작업할 수 있는 공간을 상상해 봅니다.

자녀

- 다락 위치가 다른 방과 멀리 분리되지 않았으면 좋겠어요. 춥지 않고, 옥상이 바로 옆에 있는 게 아닌 분리된 형태가 가능하겠는지요.
- 넓은 정원과 피아노를 연습할 수 있는 방음 방이 필요합니다.
- 게스트 룸은 2층에 있었으면 합니다. 화장실은 남녀를 나누면 편리할 듯합니다.

갤러리에서 꿈꾸는 예술인의 집

예술은 우리 삶을 풍족하게 만들어 주는 요소 중 하나다. 세상을 새로운 관점으로 드러내는 예술가는 삭막한 환경을 밝게 만들기도 하고, 아무것도 아닌 사물을 하나의 작품으로 승화시키기도 한다.

그리고 이러한 예술가들의 업적만큼 사람들의 관심을 끄는 것은 그들의 주거 공간이다. 과연 그들의 보금자리는 우리의 일상적 공간과 어떤 차이점을 보일까.

<창원 다믄집>은 지인들에게 '갤러리가 있는 집'이자 놀 유(遊), 쉴 휴(休)를 통해 '유휴채'로 불린다. 그 이름에서도 알 수 있듯 우리는 이곳이 즐겁게 놀고 편안하게 쉴 수 있는 장소이길 바랐다.

위치는 경남 창원시 의창구 용호동 메타세쿼이아 가로수 길에 면한 도시 지역 필지다. 미술을 전공한 아내는 갤러리를 겸한 개인 작업실을, 의사인 남편은 개인 공간인 취미실을 원했다. 뿐만 아니라 자녀와의 소통도 중시했기에 아이들과 함께할 수 있는 마당은 필수였다.

<창원 다믄집>. 아내를 위한 개인적 공간인 갤러리와
작업실을 길에 면한 곳에 배치했다.

마당을 품은 ㄷ자집인 이곳에서 가족들은 프라이빗한
생활을 즐길 수 있다.

눈 돌리면 어디에든
나무가 있도록
꽃이 있도록
바람이 지나가거나
빗소리가 들리거나
때론 멍하니 하늘을
올려다볼 수 있도록.
앞마당, 뒷마당, 옆마당,
골목 마당, 틈새 마당,
손바닥 마당…
촘촘하게 구획한 마당들이다.

안마당 및 건축주의
취미 공간인 지하실로
내려갈 수 있는 계단이
보인다.

<창원 다믄집> 내부에서
바라본 안마당 모습.

048

소통과 프라이버시가 공존하는 공간

건축주 가족은 집이 '소통'과 '프라이버시'가 적절히 조화를 이루는 공간
이길 원했다. 특히 이곳이 '갤러리나 작업 공간은 친구나 손님들이 편안
하게 드나들 수 있도록 하되 주거 공간은 프라이버시가 존중되길' 바랐다.
"내외부가 세련되면서도 소박하고 따뜻한 느낌을 주길 원했어요. 친척
이나 부모님이 오셨을 때 편안하게 머무를 수 있으면 좋겠다고 생각했
죠. 부모와 아이들 각자를 위한 공간 확보는 물론 집 안 곳곳에 그림을 걸
거나 책을 읽을 수 있는 창의적인 자투리 공간도 있었으면 했어요."
이에 우리는 한옥 배치 프로그램을 변용해 가로수 길 쪽에서 다물어진
ㄷ자형 배치로 매스를 계획했다. 내부 중정을 중심으로 길에 면한 부분
은 갤러리와 취미실을, 나머지 ㄱ자 매스에 2개 층의 주거 공간을 배치
했다. 덕분에 내부 중정은 길에서 분리된 가족들만의 프라이빗한 마당이
됐다.
한편 대지의 중심에 만들어진 1층 마당은 각 실과 관계를 맺는 매개체 역
할을 한다. 많은 사람이 드나드는 갤러리와 거실, 주방 등 개인적인 공간
을 분리시켜 주기도 한다.
<창원 다믄집>의 얼굴이기도 한 중정은 사후 관리가 쉽도록 자연석으로
마감했다. 사이에 잔디가 자랄 수 있도록 계획하고, 배롱나무(백일홍)를
심어 포인트를 줬을 뿐만 아니라 시선 차단의 역할까지 할 수 있게 했다.

따스한 분위기가 느껴지는 주방 전경과 안마당.

주방은 ㄷ자 배치를 통해 가사의 편의성을 도왔다. 요리하는 이를 배려해 곳곳에 많은 수납공간과 조리대를 설치했다.

안방에 딸린 드레스 룸으로, 붙박이 수납장들을 설치해 많은 공간을 확보했다.

2층 욕실에서 바라본 <창원 다른집>.

큰 욕조에서 시간을 보내다 보면, 고단한 하루는 저절로 잊게 마련이다.

건축주의 취미 공간으로 꾸민 지하실 모습. 간단한 당구 시설과 바(Bar)를 겸할 수 있는 곳이 마련돼 있다.

취미와 힐링이 있는 창의적인 공간

아내를 위한 갤러리처럼 남편을 위한 취미실도 <창원 다
믄집>의 핵심 요소 중 하나다. 의사로 일하는 남편은 긴장
도가 높고 타이트한 스케줄로 인해 집에서 즐길 수 있는
힐링 공간을 원했다.

"음악, 영화, 독서 등을 즐기고 짬짬이 운동도 챙겨서 하는
편이에요. 그중에서도 음악 듣는 것을 좋아해 조만간 드
럼 연주를 배울 생각이랍니다. 학회 참석 등이 자주 있어
각종 호텔을 방문하게 되는데, 부산에 위치한 어느 호텔
바(Bar)의 분위기가 좋아 비슷한 콘셉트의 공간을 꼭 가
지고 싶었습니다."

건축주의 요구 사항에 맞게 우리는 지하 1층에 간단한 당
구 시설과 바를 겸할 수 있는 취미실을 배치했다.

자녀들을 위한 공간에도 심혈을 기울였다. 자신의 독립
적인 공간을 갖고 싶어 하는 자녀들을 위해 서로의 방 사
이에 욕실을 배치하고, 각각 테라스를 두어 프라이버시를
지킬 수 있게 했다.

아울러 2개의 다락을 통해 단독 주택에서만 가능한 경험
을 향유할 수 있도록 도왔다.

창의적인 생각이 샘솟을 것만 같은
딸아이 방의 다락 공간.
마치 환상 속에 있는 듯하다.

아이들의 꿈이
무럭무럭 자라길
바라며 만든
다락과 천창.

HOUSE PLAN

위치	경상남도 창원시 의창구 용호동 25-11
건축 구성	지하 1층(취미실)
	지상 1층
	(거실, 주방, 다용도실, 손님방, 욕실 1, 갤러리)
	지상 2층
	(안방 + 드레스 룸 + 욕실 2, 자녀 방 1 + 다락,
	자녀 방 2 + 다락, 욕실 3)
대지 면적	336.00㎡(101.64평)
건축 면적	160.74㎡(48.62평) / 건폐율 47.84%
연면적	지상층 241.99㎡(73.20평) / 용적률 72.02%
	지하층 48.59㎡(14.69평)
규모	지하 1층, 지상 2층(다락)
구조	철근콘크리트구조(지하층, 1층), 경량목구조(2층)
주차 대수	2대

배치도

B1

1F

2F

다락

아침을 깨우는 빛, [판교 햇살 깊은 마당집]

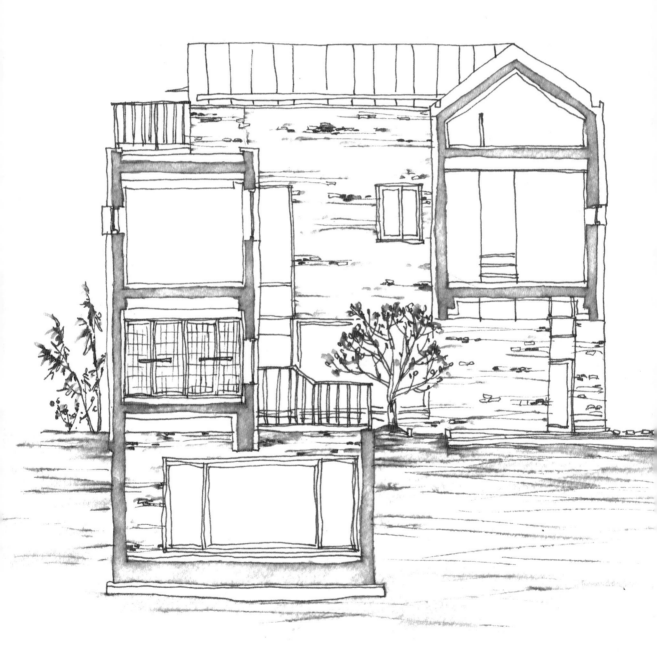

WISH LIST

남편

- 일몰을 좋아해서 동향보다는 서향을 선호합니다.
- 공간적으로는 입체적이면서도, 시각적으로는 단순함을 좋아합니다.
- 아내와 차를 마실 수 있는 외부 공간이 있었으면 합니다.
- 아이와 하늘을 볼 수 있는 장소가 꼭 있으면 좋겠습니다.
- 자전거, 자동차 용품, 캠핑 용품 등을 수납할 수 있는 외부 창고가 필요합니다.
- 정원의 잔디는 최소화하길 원합니다.
- 지하에 다목적실이 있었으면 합니다. 이곳은 아이 친구들과의 놀이터이자 카페 겸 제 취미 공간 등으로 변경해 가며 사용하려고 합니다.
- 마당은 가족의 프라이버시를 지킬 수 있도록 계획되길 바랍니다.
- 아내와 저 모두 손님을 맞이할 수 있는 다실 공간이 있었으면 합니다.
- 주거 공간 깊숙한 곳까지 해가 잘 들었으면 좋겠습니다.

아내

- 화이트 & 밝은 우드 톤의 따뜻한 느낌의 집을 원합니다.
- 수납장과 수납공간을 넉넉하게 설치해, 정리된 살림살이나 물건들이 보이지 않는 심플한 분위기였으면 합니다.
- 거실에 책장을 놓고, 창틀 벤치에서 책을 읽을 수 있는 공간을 바랍니다.
- 정원 앞에 처마와 걸터앉을 수 있는 툇마루가 있었으면 합니다.
- 계단은 모서리가 날카롭지 않고 미끄럽지 않은 소재였으면 좋겠습니다.
- 침실, 아이 방, 옷방이 한 층에 있고 옷방 옆에 가족 욕실과 세탁실이 연결된 구조를 원합니다.
- 아이 방과 다락이 연결됐으면 하고, 아이가 놀 수 있는 다락과 테라스를 상상해 봅니다.
- 욕실은 세면대와 샤워기, 변기가 같이 있는 형태였으면 합니다.

가족의 프라이버시 확보를 위해 목재 루버로
외부의 직접적인 시선을 차단한
<판교 햇살 깊은 마당집>.

가족만의 라이프스타일을 존중하다

유년 시절의 추억은 사람의 성격 형성에 큰 영향을 미친다. 어린 시절에 겪었던 일들은 지워지지 않는 흔적으로 앞으로의 삶에 고스란히 남는다.

날이 갈수록 단독 주택을 짓길 희망하는 연령층이 낮아지는 것도 이 때문이다. 이전에는 노후를 준비하기 위한 중장년층이 단독 주택을 주로 찾았다면, 최근에는 어린 자녀를 둔 젊은 부부의 의뢰가 많아졌다. 층간 소음 걱정에서 벗어나 아이들이 마음껏 뛰어놀고, 다양한 공간에서 창의력을 발산할 수 있도록 아파트를 떠나고 있는 것이다.

<판교 햇살 깊은 마당집>은 초등학교에 다니는 자녀는 물론 각자의 라이프스타일을 즐기고자 했던 부부의 바람이 녹아 완성된 공간이다. 이에 우리는 가족의 의견이 존중되는 평면을 통해 일상에 활기를 불어넣고자 했다.

"마당을 구성하는 평면은 '삶'을 이해하는 데 매개체적인 역할을 하죠. 따라서 마당을 중심으로 삶을 그리는 도시 한옥의 평면에서 출발점을 찾았어요. 대문에서 문간방을 거쳐 마당으로 들어가고, 마당에서 바로 대청과 각 방으로 이어지는 흐름이 그 예죠. <판교 햇살 깊은 마당집>도 마당을 중심에 두고 일상성을 그려 나가고자 했습니다."

마당이 반드시 흙이나 잔디로 뒤덮여야 하는 건 아니다.
거실 창문을 드르륵, 열고 나섰을 때
거기에 볕이 쑤욱 들어 차 있는 공간 하나가
나타난다면 그걸로 벌써 충분하다.
돌바닥 위를 뛰노는 아이, 느긋이 앉아서
차 한 잔 즐길 수 있는 자리, 그리고 여기에
아침의 스트레칭이라도 곁들여진다면 정말이지
완벽한 마당 생활이 아닐까. 이 집이 꼭 그렇다.

날것 그대로의 봄과 여름,
가을과 겨울을 만나는
옥상 마당도 더할 나위 없는 위안이다.

마당, 그 이상의 즐거움

이 집의 '마당'은 일반적으로 우리가 스쳐 지나가거나 창고로 사용하는 등의 마당과는 다른 공간이다. 각 프로그램이 마당을 중심으로 배치돼 있다. 가족의 프라이버시를 지킬 수 있도록 외부와의 시선을 차단하는 역할은 덤이다.

"길에서 보이는 입면은 전체적으로 ㅁ자 형태의 단순한 기하학적 형태예요. 마당에서 보이는 입면은 총 4면으로, 각기 다른 모습을 하고 있죠. 마당과 접하는 거실, 현관 및 다실, 주차장, 길 쪽 등 마당과 더해진 입면이 더욱 풍부한 공간감을 만듭니다."

실제 <판교 햇살 깊은 마당집>은 안쪽으로 진입했을 때 가장 먼저 만나는 마당을 중심으로, 1층은 거실과 부엌, 현관, 다실이 접해 있고, 2층은 아이 방과 안방이 접해 있다. 또한 마당 한쪽에는 비를 피할 수 있는 필로티 구조의 주차장이 있다. 차를 주차하고 바로 마당을 접하는 방식이기에 활용성이 좋다.

아울러 건축주 부부의 큰 바람이기도 했던 '다실' 공간은 마당에 이은 또 다른 핵심 장소로 꼽힌다.

"현관에 들어서면 만날 수 있는 다실은 마치 예전의 문간방처럼 손님을 응접하는 곳이거나 안주인의 소박한 별채 공간으로 볼 수 있어요. 현관이 단순한 출입 혹은 신발을 신고 벗는 장소에서 끝나지 않도록 기능을 확장해 주죠."

마당을 통해 현관에
진입하면, 창으로 보이는
바깥이 마치 한 폭의
그림을 연상케 한다.

<판교 햇살 깊은 마당집>은
현관과 인접한 곳에
작은 다실을 두고 있다.

거실과 확장된 주방의 모습.

거실에 책장을 설치해 온 가족이 자연스럽게 책을 접할 수 있는 공간으로 완성했다.

1, 2층 오픈된 장소를 통해 주거 공간 깊숙한 곳까지 채광이 들어오도록 계획했다.

365일 해가 인사하는 집

이곳은 <햇살 깊은 마당집>이라는 이름에 걸맞게 내부 곳곳에 빛을 끌어들인 점이 눈길을 끈다. 발코니와 창호를 통해 주거 공간 깊숙한 곳까지 볕이 들도록 계획했다. 덕분에 가족은 늘 밝은 기운을 얻을 수 있다고.

"365일 거주하는 집이 방향이 좋지 않거나 근처에 가로막힌 건물이 있어 해가 잘 들지 않는다면 습기나 곰팡이 등으로 인해 스트레스를 많이 받을 거예요. 하지만 여기는 채광이 워낙 좋다 보니 아늑한 분위기를 느끼기에 안성맞춤이죠. 게다가 스킵플로어(Skip Floor) 방식 덕분에 레벨 차가 생겨 지하 공간까지 해가 잘 들어서 정말 좋아요."

1층에 이어 2층에서도 이러한 장점을 느낄 수 있다. 2층 복도와 아이 방 사이의 작은 보이드(Void, 빈 공간)는 집 안 깊이 햇살이 들게 함과 동시에, 2층에서도 마당을 경험하게 하는 이중적 효과를 가져 온다. 더불어 서쪽 옥상에 위치한 상부 창으로 비치는 햇살은 오후 늦은 시간까지 사라지지 않고 아이 방을 방문한다.

2층에 있는 안방에는 붙박이장을 설치해 부족한 수납공간을 해결했다.

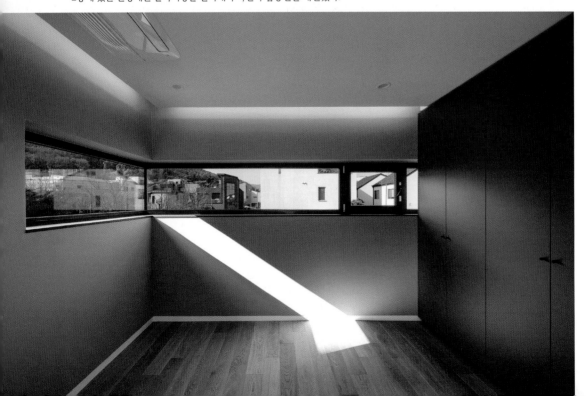

다락까지 확장되는 아이 방 전경.

이곳은 오픈형 계단을 통해 시각적인 확장성을 도모한 것이 특징이다.

<판교 햇살 깊은 마당집>이라는 이름에 걸맞게
모든 층 깊숙한 곳까지 채광을 확보했다.
덕분에 주택에서 골칫거리 중 하나인
습기나 곰팡이 등의 문제에서 자유로워졌다.

HOUSE PLAN

위치   경기도 성남시 분당구 판교동 648-11

건축 구성   1호집(건축주 주택) / 2호집(임대 주택)

    1호집 기준

    지하 1층(취미실, 욕실 1)

    지상 1층

    (거실, 주방, 다용도실, 다실, 욕실 2)

    지상 2층

    (안방, 욕실 3, 자녀 방 + 다락, 드레스 룸, 세탁실)

대지 면적   224.70㎡(67.97평)

건축 면적   112.32㎡(33.97평) / 건폐율 49.99%

연면적   지상층 195.81㎡(59.23평) / 용적률 87.14%

    지하층 107.67㎡(32.57평)

규모   지하 1층, 지상 2층(다락)

구조   철근콘크리트구조

주차 대수   3대

배치도

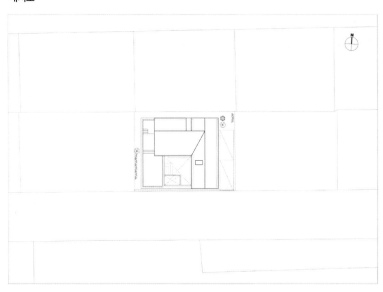

B1

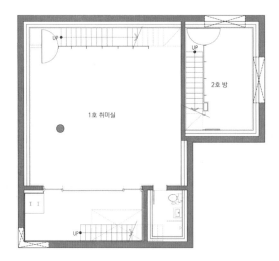

1F

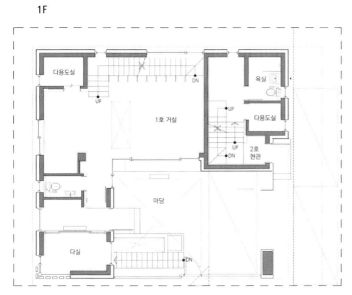

다용도실

욕실

1호 거실

다용도실

2호
현관

UP

DN

UP

UP
DN

마당

다실

DN

2F

세탁실

UP

DN

2호 방

드레스룸

UP

1호 자녀방

UP

UP
DN

욕실

1호 안방

2호 거실

다락

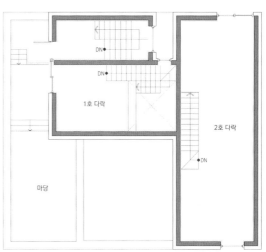

DN

DN

1호 다락

2호 다락

마당

DN

도시 지역, 마당집 지을 때 참고합니다!

1. 길에서 진입하는 주차 공간과 주 진입구의 위치 설정이 중요하다

필지가 크지 않은 도시 지역은 남향과 주차장, 출입구 등을 마당의 크기나 위치를 고려해 계획한다. 경우에 따라 마당을 크게 만들기 위해 주차장과 합치기도 한다. 출입구는 도로 면의 방향에 따라 달라진다. 대개 마당을 통해 진입하거나 진입 후 안마당을 만나는 구성을 취한다.

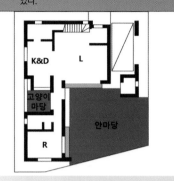

〈고양이 마당을 둔 ㄱ자집〉 평면도. 북쪽 도로와 남쪽 마당을 둔 주택이라는 것을 알 수 있다.

〈고양이 마당을 둔 ㄱ자집〉의 북쪽 도로에서 진입하는 전경.

〈창원 다믄집〉의 평면도. 북서쪽 도로와 남동쪽 마당의 주택이라는 것을 알 수 있다.

〈위례 工자집〉의 평면도. 남쪽 도로와 남쪽 마당을 둔 주택이라는 것을 알 수 있다.

〈창원 다믄집〉. 북서쪽 도로에서 진입하는 주차장 전경.

남쪽 도로에서 진입하는 〈위례 工자집〉의 주차장 전경.

2. 적절하게 둘러싸인 마당이 되도록 건물을 배치하라

도시 지역의 마당은 도로에 많이 노출될수록 활용성이 떨어진다. 사적인 공간이 돼야 타인의 시선을 피해 편안하게 사용할 수 있다. 따라서 전면 개방형의 —자형 배치보다는 ㄱ자나 ㄷ자 배치를 통해 에워싼 형태를 만드는 것이 중요하다. 에워싸인 배치는 외부 시선으로부터 보호받을 수 있는 프라이빗한 마당으로 만들어 준다.

〈김포 운양동 수평창집〉. ㄱ자 배치로 외부 길로부터 마당을 보호하는 형태다.

3. 공사용 이격 거리를 고려해 이웃과의 분쟁을 막는다

건물을 지을 때는 필지 경계에 공사용 가림막을 설치한다. 이런 경계로부터 작업이 이뤄지는 공간까지의 간격은 약 1m 정도. 법적으로 인정받은 공지(空地)일지라도 인접 대지와 작업 공간의 간격이 50cm인 경우에는 50cm의 거리를 더 확보해야 한다. 또한 1층 객실의 실내부를 후퇴시키면 이격 거리의 모서리 부분을 모서리 마당으로 활용할 수 있다.

〈상도동 세 자매 집〉. 이격 거리를 충분히 두어 방과 연계된 사적인 마당을 만들었다.

4. 작은 틈새로 보이는 나무에도 가치가 있다

도시 지역은 필지의 4면 중 한 면만 도로에 면하고, 나머지 3면은 인접 필지인 경우가 많다. 특히 수목이나 공원처럼 자연을 조망할 수 있는 필지는 드물다. 따라서 필지 주변에 가로수가 있거나 건물 사이를 통해 조망할 수 있는 자연적 요소가 있다면, 그러한 주변 환경을 살리는 편이 좋다.

〈창원 다른집〉은 욕실을 통해 가로수가 보이는 조망을 갖고 있다.

5. 마당을 다른 공간과 합쳐 넓게 사용하라

토지 가격이 높게 책정되는 도시 지역의 필지 크기는 다른 지역에 비해 넓지 않은 경우가 많다. 때문에 마당의 규모를 크게 만들 수 있는 경우는 한정돼 있다. 이때 마당의 다양한 가변적 활용은 중요한 요소로 자리한다. 토지가 작을수록 주차장이나 진입로 등을 마당과 합친다면 시각적으로나 공간적으로 우수한 효과를 볼 수 있다.

〈사랑방을 둔 ㄱ자집〉. 작은 필지의 경우 마당 한쪽에 주차장이 주 출입구와 함께 계획돼 넓게 활용되고 있다.

6. 주차장 확보를 위해 발생하는 필로티 공간을 활용하라

비를 피할 수 있는 주차장을 만들 경우 생기는 필로티 공간을 마당처럼 활용하면 좋다. 필로티 주차장 한편에 수납할 곳을 만들거나 캠핑 도구, 운동 기구, 공구 등을 보관할 수도 있다. 또한 주 출입구까지 같이 이용하면 마당과 함께 더욱 공간 활용성이 높아진다.

〈전주 누마루 ㄱ자집〉은 필로티 공간이 주차장이면서 주 출입구다. 마당이 더욱 넓게 활용되고 있다.

7. 2층 테라스나 옥상 테라스를 활용하라

마당을 중심으로, 각 방을 더욱 풍성한 공간으로 만들고자 한다면 2층이나 옥상 테라스를 계획해 본다. 마당과 입체적으로 소통하게 되어 자연과 함께하는 생활을 누릴 수 있다. 이때 마당은 단순한 외부 공간으로 그치는 것이 아니라, 내부 방까지 확장되어 공간에 깊이를 더한다.

〈창원 다른집〉은 2층 테라스가 있어 마당과 보다 입체적인 소통이 가능해졌다.

8. 자연 채광, 자연 환기가 확보되는 홑집을 계획하라

홑집은 한 겹으로 방들이 구성돼 배치된 집을 말한다. 필지가 아무리 작더라도 집을 홑집으로 배치하는 편이 자연 환기나 채광에 유리하다. 홑집으로 구성해 마당을 만들면 각 방에 골고루 자연 채광이 확보된다. 또한 실들의 앞뒤로 창을 두면 환기에도 용이하다. 겹집은 방들이 두 겹 또는 여러 겹으로 겹쳐서 구성된 집을 말한다. 아파트가 좋은 예다.
겹집은 마당에 면한 방들은 채광이 되지만 뒤쪽 방들은 채광이 되지 못한다. 또한 창들이 앞뒤로 마주 보게끔 설계되지 않기에 환기에도 열악한 환경이 된다.

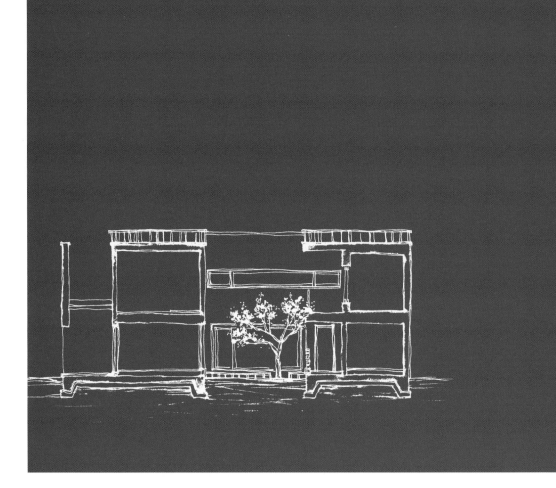

도시의 혜택은 누리면서
자연과는 더 가까워지는 방법

근교 지역은 자연 지형을 가진 경우가 많은 편이며,

조망할 수 있는 풍경을 대부분 갖추고 있다.

단일 필지의 크기가 도심보다 2~3배 넓은 경우도 부지기수다.

따라서 인구 밀도가 높은 도시에서 벗어나,

주변 자연환경을 누리고 싶어 하는 사람들이 이곳을 선택한다.

근교 지역의 마당집은 주변을 최대한 조망할 수 있는

배치 및 라이프스타일과 연계해 넓은 대지를 활용한

다양한 마당을 형성할 수 있는 장점이 있다.

지역의 특성상 경사 지형일 경우 지형을 활용한 주차 방식이나

진입 방식, 지형의 레벨에 따라 높낮이 설정 등도 중요하다.

산세를 잇다, [완주 누마루 一자집]

WISH LIST

부부

- 가족이 일과를 마치고 이야기를 나누며 쉴 수 있는 공간이 있었으면 합니다.
- 담배를 피울 수 있는 공간이 있으면 좋겠습니다.
- 집의 중심은 넓고 심플한 멋이 있으며, 편안한 분위기의 거실이기를 바랍니다.
- 주방과 외부 공간이 연계된 아내의 휴식 공간이 필요합니다.
- 큰 마당에 바비큐 파티를 하거나 차를 마실 수 있는 장소가 있었으면 좋겠습니다.
- 햇살이 집 안 가득 머물렀으면 합니다.
- 남자아이들의 성격과 취미를 고려한 공간이 필요합니다.
- 수납, 다용도실 등 기능적인 공간을 갖추고 싶습니다.
- 풍경과 채광을 동시에 누릴 수 있는 집이었으면 합니다.
- 손님을 맞이할 수 있는 사랑방이 있었으면 좋겠습니다.
- 주방과 거실을 분리해 자유롭게 가사를 할 수 있는 환경이 되길 원합니다.

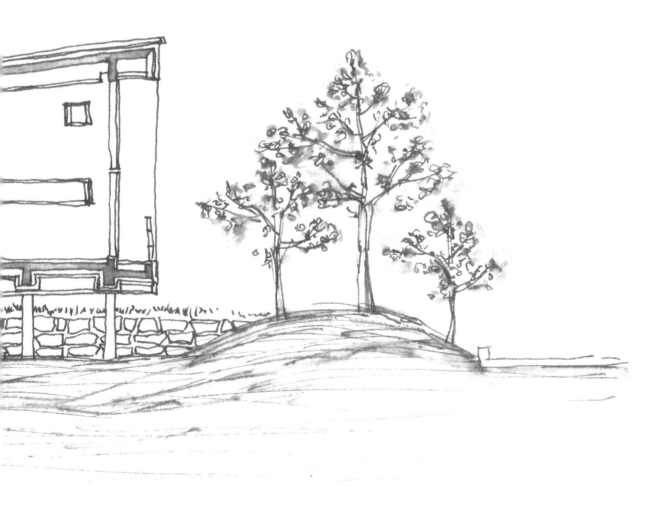

<완주 누마루 —자집>은 북쪽 정면 방향에 주택을 배치했다. 덕분에 북쪽의 너른 풍경과 남쪽의 채광을 동시에 누릴 수 있다.

거실 앞 테라스,
그 너머로 마당이 보인다.

풍경과 채광을 동시에 누리는 북쪽 풍경 집

전라북도 완주군에 위치한 <누마루 —자집>은 우리의 이전 프로젝트를 보고 마음을 빼앗긴 50대 부부의 의뢰로 완성됐다. 이 집은 모던하면서도 전통적인 느낌을 고스란히 반영한 것이 특징이다. 주택이 들어선 부지는 북쪽으로 경사진 전원주택 조성지의 한 필지로서, 경관이 우수한 도심 근교형 단독주택지다. 북쪽 경사로 인해 남쪽의 인접 필지가 높고 마을 진입의 경우 북쪽에서 접근하는 형태였다. 설계 시 무엇보다 조망과 채광 확보를 위해 주력했다. 기존에 들어선 주택들은 풍경이 있는 북쪽을 후면으로, 채광을 위주로 한 남쪽을 정면으로 바라보는 모습을 취하고 있었다. 하지만 이러한 형태는 높은 앞쪽 필지에 건물이 들어설 경우, 시야가 막힐 수 있다는 우려가 존재했다. 이에 우리는 건물의 정면을 어디로 정할지 많은 고민을 했고, 펼쳐진 북쪽 풍경과 남쪽 채광을 동시에 누릴 수 있도록 북쪽 정면 방향을 선택했다.

한편 건축주의 재미있는 요구 사항 중 하나도 설계의 방향을 정하는 데 영향을 미쳤다.

"담배를 내 집에서 편하게 피우고 싶어요."

이를 위해 우리는 북쪽 조망을 누리면서 담배를 피울 수 있는 2층 안방 전실 앞 테라스를 계획했다.

상층부의 하얀 스타코와 하층부의
조적(돌이나 벽돌을 쌓는 것)을 통해
건물 외관이 주변 마당과 조화를
이루도록 만들었다.

정원수가 주인인 양 행세하는 마당이 아닌,
우리 집 복실이도 주인 행세하는 생활 마당.
나무도, 상추도, 철마다 피고 지는 이름 모를 잡풀도
우리 집 마당에서는 모두 친구이고 가족이었으면…
근교 지역의 마당집은 마당과 자연이 공존해 가며
더욱 다채로운 풍경을 선물한다.

겨우내 눈이 소복이
내려앉아 있던 평상은
봄 무르익어 여름 오고, 밤이 되면
온 가족 사랑방이다.
먹고, 마시고, 나누는 일상사가
여기, 마당 너른 평상에서 이루어진다.
마당 딸린 주택이 주는 선물인 셈이다.

사랑채 역할을 해내는 누마루

이곳은 마당을 중심으로 서로의 영역이 구분된다. 현관을 중심으로 길 쪽에는 거실과 손님방을 배치하고, 안쪽은 부엌과 안방, 자녀 방을 구성해 생활의 편의성을 도모했다. 이를 통해 거실과 연계된 사랑마당, 부엌과 식당이 연계된 안마당과 부엌 마당, 다용도실과 연계한 뒷마당 등 다양한 마당이 생성됐다.

또한 경사면으로 인해 자연스레 생기게 된 누마루 부분은 이곳을 방문하는 손님을 맞이하는 한옥의 사랑채와도 같은 장소다. 손님은 이곳을 중심으로 거주자와 분리돼 생활할 수 있다.

단독 주택에서 가장 필요로 하는 수납 문제도 해결했는데, 비어 있는 하부 공간을 외부에서 주로 사용하는 잡동사니 등의 보관 장소로 이용하도록 했다.

흙으로 쌓은 둔덕 담장도 마당에 프라이버시를 부여한다. 기초와 누마루 하부를 만들면서 생긴 흙은 경계 담장으로 탈바꿈했고, 길 쪽 경계에는 둔덕을 쌓았다. 이로 인해 누마루 거실 하부는 아늑한 마당으로 탄생했다.

부엌/식당에서 바라본 현관 쪽 전경. 현관을 중심으로 거실 영역과 부엌/식당 영역이 나뉘어진다.

손님방에서 바라본 거실 전경. 통유리를 통해 모악산을 조망할 수 있다.

1층에서 2층으로 올라가는 계단 옆면의 창밖으로 마당의 풍경을 감상할 수 있다.

힐링이 되는 거실과
아이들의 성격을 고려한 내부

건축주 가족이 가장 마음에 들어 하는 공간은 거실이다. 큰 사이즈의 통유리가 눈길을 끄는 거실은 모악산이 보여 절로 힐링이 되는 뷰 포인트다. 창호만큼 심혈을 기울인 것은 스크린으로, 손으로 조절할 수 없는 높이까지 창을 내 전동 롤 스크린을 설치했다. 롤 스크린은 햇빛의 가림막 역할을 할 뿐만 아니라 단열까지 돕는다.

살림을 도맡아 하는 건축주 아내의 마음을 사로잡은 곳은 부엌/식당이다. 부엌/식당과 이어진 마당은 작은 중정으로, 내부로의 자연 채광을 가능케 하며 야외 식당으로 활용 가능하다.

자녀들 각자의 성격에 맞는 설계도 중시했다. 강아지를 좋아하며 활달한 성격을 지닌 둘째 아들 방은 테라스와 이어지는 1층에 배치했고, 조용한 성격을 지닌 첫째 아들 방은 휴식과 사색을 함께 누릴 수 있는 2층에 설계했다.

1층 거실에서 손님방 쪽을 바라본 모습. 일자로 길게 난 창을 통해 외부를 조망할 수 있다.

외부 손님의 시선에서 벗어나 자유롭게 일할 수 있도록 주방과 거실을 분리했다.

안방에서 바라본 전실과 테라스 전경.

HOUSE PLAN

위치	전라북도 완주군 구이면 덕천리 1357-47
건축 구성	지상 1층(거실, 주방, 다용도실, 손님방, 자녀 방 1, 욕실 1)
	지상 2층(안방 + 드레스 룸 + 욕실 2 + 전실, 자녀 방 2)
대지 면적	877.00㎡(265.29평)
건축 면적	132.07㎡(39.95평) / 건폐율 15.06%
연면적	지상층 167.75㎡(50.74평) / 용적률 19.13%
규모	지상 2층
구조	철근콘크리트구조(1층 바닥), 경량목구조(1층 벽체, 2층)
주차 대수	2대

배치도

1F

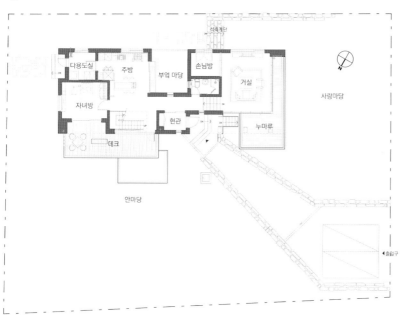

2F

채우려고 비우다,
[청주 비우고 담은 집]

WISH LIST

공통
- 서쪽에 데크를 설치해 미호천으로 지는 노을을 보고 싶습니다.
- 데크 끝부분에 길고 좁은 얕은 수(水) 공간이 있었으면 합니다.
- 차 3대가 들어갈 수 있는 주차 공간이 필요합니다.
- 안방보다는 욕실과 드레스 룸의 비중이 더 컸으면 합니다.
- 거실과 다이닝 룸이 주 생활 공간이었으면 좋겠습니다.
- 주변 풍경을 조망할 수 있는 욕실이 한 개쯤은 있었으면 하고 바랍니다.
- 원경, 중경, 근경 등 시시각각 변하는 풍경을 감상하고 싶습니다.

아내
- 주방에는 아일랜드 싱크대가 있었으면 좋겠고, 수납장은 후면에만 놓여 있길 원합니다.
- 퇴직 후 홈 쿠킹 클래스를 하고 싶기에 그것을 고려한 설계를 바랍니다.
- 거실과 주방이 함께 있었으면 좋겠고, 이곳에서 서쪽에 위치한 미호천을 마음 놓고 보길 원합니다.

부모님(할머니)
- 계단을 오르내리지 않도록 방이 1층에 있길 원합니다.
- 공간 분리는 따로 필요 없으나, 별채가 있어도 좋습니다.

자녀
- 부모님(할머니) 방과 가까이 있었으면 좋겠고, 공간이 부족할 경우 다락에 방이 있어도 괜찮습니다.
- 이층집에 대한 로망이 있고, 비밀 공간으로 사용할 다락을 상상해 봅니다.

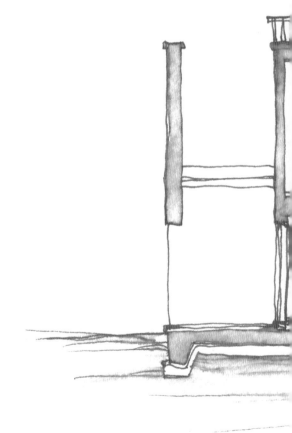

즐겁게 사는 지름길, 단독 주택에 산다는 것

우리는 '행복'이 알아서 다가오기를 기다린다. 늘 불평만 하며, 감나무 아래에서 감이 떨어지기만을 바라는 사람들처럼. 하지만 세상을 보다 긍정적으로 바라보는 이들의 시선은 다르다. 그리고 말한다.

"행복은, 기다리는 것이 아니라 만드는 것이라고."

그런 면에서 <청주 비담집>의 건축주는 이미 행복한 삶을 실천하고 있다. 연세 드신 부모님을 모시면서 어린 두 자녀와 함께 부부가 걱정 없이 사는 방법, 단독 주택 거주를 선택한 것이다.

<청주 비담집>이 들어선 이 지역은 청주 근교의 미호천을 서쪽으로 둔, 주택 단지 내 612.00㎡(185.13평) 규모의 대지다. 동쪽에 진입 도로가 있으면서도 동서로 조금 긴 직사각형의 모습을 띠고 있는 곳으로, 예산이 넉넉하지 못했던 건축주 부부는 넓은 땅임에도 불구하고, 연면적 184.76㎡(55.88평) 규모의 목조 주택을 짓고자 했다. 그들은 이곳이 미호천의 풍경과 어울리면서도, 단순하지만 풍부한 장소가 되길 원했다. 이에 우리는 한 가지 물음과 함께 설계를 시작했다.

'작은 건축물 하나로 어떻게 이 넓은 대지, 그리고 미호천과 관계를 맺을 수 있을까?'

그 해답은 한옥에서 주로 사용하는 '차경(借景)'에서 얻을 수 있었다. 즉 창과 문을 열었을 때 건너로 보이는 자연의 경치를 액자처럼 담는 방식, 이것을 응용하고자 했다.

어느 창문을 통해 시선을 주어도
나무와 강을 그리고 하늘을 만날 수 있는 건 축복이다.
마당을 향해 수많은 창문을 낸 이유다.

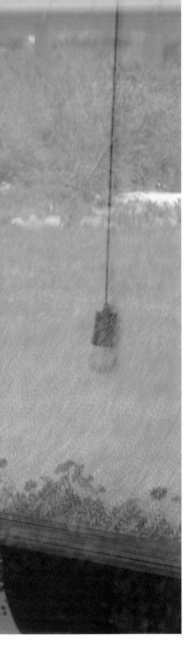

빛, 바람, 강과 하늘 등
온갖 자연의 혜택이 너른 마당에 한데 모여
생활 마당의 기능은 배가된다.
맨발로 잔디를 밟고,
강에서 불어오는 바람을 맞으며
찬 바람 불면 불을 피워 도란도란 이야기꽃을 피우는 일.
처음 집과 마당을 짓고,
더불어 시간이 흐르고 계절이 바뀌며
서로 다른 모습을 만들어 낼 자연 풍경을 기대해 본다.

가족들의 또 다른 휴식 공간인
강으로 난 작은 주방.
이곳 테라스는 가족들에게 수많은 추억거리를
만들어 줄 소중한 뒷마당이다.

거실&주방과 연계된 이곳에서는 서쪽에 위치한 미호천을 마음껏 감상할 수 있다.

비움에서 찾아낸 가득 찬 풍경

차경을 <비담집> 설계의 핵심 키워드로 정한 다음에는, 주변 풍경을 원경, 중경, 근경으로 각각 경험할 수 있도록 계획했다. 우리는 단순했던 매스를 미호천변인 서쪽, 외부 마당인 남쪽, 부모님(할머니) 방이 놓인 북쪽을 비우는 방식을 떠올렸다.

"비움의 미학이라는 콘셉트를 바탕으로 '비우고 담은 집'이라는 뜻을 줄여 <비담집>이라는 이름을 지었어요. 단순히 직사각형의 박스 형태가 아니라, 군데군데가 비어짐에 따라 얻을 수 있는 이점이 있죠. 남쪽과 서쪽의 비워진 부분은 거실과 주방이 연계되는 마당으로 미호천이 담긴 한 폭의 액자를 만들고, 북쪽은 부모님 방과 다용도실이 연계되는 마당으로 담장 벽과 함께 주변 풍경을 내부로 끌어들입니다. 단순한 형태지만 각각의 비워진 마당을 통해 풍부한 일상을 만드는 장치 역할을 해내고 있는 거죠."

실제 완성된 주택과 주변 풍경들은 비워진 마당과 중첩되면서 시시각각 다양한 모습을 보인다. 비워진 마당들이 내외부를 경계 짓기보다는, 서로 교차하며 풍부한 시각적 효과를 경험하도록 만든다.

2층에서 바라본 모습. 내리쬐는 햇살이 보는 이의 마음을 뽀송뽀송하게 만든다.

거실&주방 정면에서 바라본 미호천 전경. 절로 힐링이 되는 장소다.

6인용 테이블을 배치한 주방은
높은 층고 덕분에 확 트인 시야를
선사한다.

서쪽 마당에서 바라본 거실&주방 전경.

창을 통해 보이는 외부가
마치 한 폭의 그림 같다.

1층과 마찬가지로 2층도 채광 확보 및
주변 풍경 감상을 위해 곳곳에
창을 설치했다.

2층으로 올라가는 계단실.
왼편의 창을 통해 아름다운 풍경을
감상할 수 있다.

일상과 탈일상의 공존

마당을 포함한 전체적인 주택 설계는 요즘 건축주들이 주로 원
하는 요구 사항과 맞물린다. 최근 많은 사람들이 매일 같은 일
상을 살아가면서도 그 안에서 탈일상을 꿈꾼다. 어딘가로 훌쩍
떠나지 않고도, 늘 생활하는 공간에서 새로운 감성을 느끼고
싶어 하는 것이다.

"일상 속, 탈일상이 어떻게 공존할 수 있을지에 대해 고민했습
니다. 이에 일상의 공간 속에 풍경을 침투시켜 상호 작용하는
방식으로 내외부를 꾸미면 좋겠다고 생각했죠. 따라서 1층의
거실과 주방, 부모님 방, 2층의 안방과 미호천이 보이는 욕실, 1,
2층의 복도 등에서 이러한 감정을 경험할 수 있도록 설계했습
니다. 결과적으로 평범한 공간 속에서도 석양의 모습이나 1층
에 심은 배롱나무의 변화, 일반적인 날씨의 변화 등에 따라 다
채로운 감성을 느낄 수 있게 됐죠."

이렇듯 <비담집>은 비워진 매스 안에 풍경과 시간, 삶을 담고
앞으로도 일상과 탈일상이 공존하는 장소로 그 자리를 굳건하
게 지킬 예정이다.

차분한 원목 느낌의 침실이 마음을 평온하게 해 준다.

미호천을 감상하며 휴식을 즐길 수 있는 욕실.

각자 편하게 휴식을 취할 수 있도록 설계한 침실.
호텔을 연상시킨다.

자녀 방 침실은 심신을 안정시키는 하늘색으로 침구와 벽지를
통일했다.

HOUSE PLAN

위치	충청북도 청주시 흥덕구 강내면 월탄리 307-3 외 2필지	**건축 면적**	112.07㎡(33.90평) / 건폐율 18.31%
건축 구성	지상 1층	**연면적**	지상층 184.76㎡(55.88평) / 용적률 30.19%
	(거실, 주방, 다용도실, 욕실 1, 자녀 방 1, 부모님 방)	**규모**	지상 2층
	지상 2층	**구조**	경량목구조
	(안방 + 서재 + 드레스 룸 + 욕실 2, 자녀 방 2 + 욕실 3)	**주차 대수**	2대
대지 면적	612.00㎡(185.13평)		

배치도

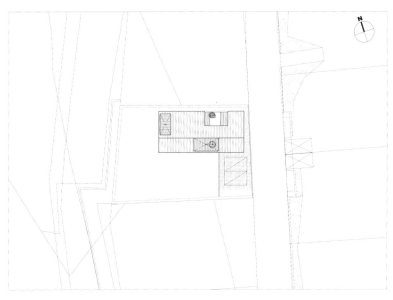

1F

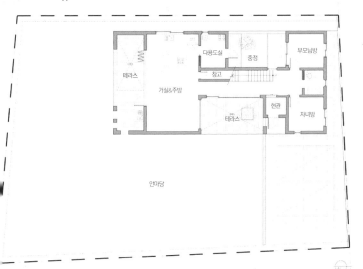

2F

근교 지역, 마당집 지을 때 참고합니다!

1. 채광(남향)과 조망 방향이 다를 땐 무엇을 선택해야 할까?

무조건 남향만을 선택해 집을 배치하는 일이 좋은 것만은 아니다. 필지의 상황에 따라 조망을 선택하고, 채광은 건축적인 설계로 획득할 수도 있다. 특히 남사면으로 경사가 있는 남향은 북쪽이 조망이 좋을 경우 집의 정면을 북쪽으로도 고려해 볼 수 있어야 한다. 길에서 주 출입구와 관련된 집의 정면을 어디로 할 것인가를 종합적으로 따져 봐야 하는 것이다.

〈완주 누마루 —자집〉. 남사면 경사에 길에서의 진입을 고려해 조망이 좋은 북쪽을 정면으로 정한 주택이다.

2. 경사 지형의 장점을 건축적으로 활용하라

근교 지역은 경사 지형일 경우가 많다. 따라서 경사지의 단차를 활용하면 토목비의 절감뿐 아니라 개성 있는 구조로 집을 지을 수 있다. 경사 부분은 지하층으로 해 주차장이나 창고, 다목적실로 활용할 수 있다. 특히 면적이 작은 땅은 용적률과 관계없이 가족들의 라이프스타일에 맞게 공간을 활용할 수 있는 장점이 있다.

〈성북동 베네우스 더 가든〉. 경사 지형을 활용해 집들을 배치했다.

3. 건물 1층의 바닥 높이를 땅 레벨보다 적절히 높게 정하라

근교 지역은 주변 현황이 자연환경 그대로인 경우가 많다. 이 경우 마당보다 1층 바닥을 높이면 벌레나 폭우 피해 등을 예방할 수 있다. 너무 높은 경우는 마당과의 관계가 불편할 수 있기에 40~60㎝ 선에서 높게 하는 것을 추천한다. 이 높이는 사람이 걸터앉기에 편안한 높이로 툇마루를 만들기에 적절한 치수다.

〈사랑방을 둔 ㄱ자집〉. 1층 바닥 높이를 걸터앉기 편안한 높이로 해 툇마루를 만들었다.

4. 단열재와 창호를 선택할 때는 한 단계 높은 예산을 책정하라

근교 지역은 도시 지역과 다르게 도시가스가 들어오지 않는 곳이 많다. 이 경우 단열재나 창호를 선택할 때 기준보다 조금 더 높게 계획하는 것이 준공 후 유지 관리비 면에서 유리하다.

단열은 가능하면 외단열을 선택하고, 내단열까지 보완하면 에너지를 절약할 수 있다. 창호는 시험 성적서를 꼭 챙겨야 하고, 이를 통해 열관류율이나 기밀 성능을 확인할 수 있다. 열관류율이나 기밀 성능은 값이 적을수록 좋은 것이다.

5. 넓은 대지를 활용하면 다양한 마당을 만들 수 있다

근교 지역은 도시 지역에 비해 상대적으로 필지가 크다. 건물을 배치하고 난 후 생기는 넓은 외부 공간을 처음부터 고려한다면, 다양하고 풍부한 마당을 꾸밀 수 있다. 또한 해당 지역은 건폐율이 적은 경우가 대부분이라 건축물을 배치하고 남는 나머지 외부 공간의 사용을 고려해 전체 땅의 크기를 정하는 것이 좋다.

〈성석동 T자집〉의 안마당과 바깥마당 전경.

6. 인접 대지와의 경계 담장 방식을 자연환경에 맞게 고려하라

근교 지역은 도시 지역과는 달리 인접 대지가 임야나 전답(田畓)인 경우가 있다. 이럴 땐 너무 폐쇄적인 담장보다는 인접한 환경과의 어울림을 고려한 울타리 담장이나, 흙을 쌓아 만드는 둔덕 담장 혹은 자연 돌담, 벽돌 담장, 콘크리트 담장 등 자연적인 물성의 담장들이 자연환경과 잘 어울린다.

〈성석동 T자집〉의 담장. 같은 벽돌로 바닥과 담장을 마감해 개성 있는 안마당이 연출됐다.

7. 생활 방식에 맞춰 마당의 포장 방법을 고민하라

넉넉한 면적의 마당을 만들 수 있는 근교 지역은 생활 방식에 맞춰 바닥 포장 방법을 고려하는 것이 중요하다. 뛰어놀기 편한 잔디 포장, 바비큐를 즐기기 용이한 돌·벽돌 포장, 휴식을 위한 데크 포장 등 다양한 방식이 가능하다.

〈청주 비담집〉은 거실과 연계된 내부 마당은 데크로, 외부 마당 전체는 잔디로, 바비큐를 위한 마당 한쪽은 돌 포장으로 마감해 각각의 생활 방식에 맞게 완성했다.

바깥마당 한쪽에 캠프파이어가 가능한 바닥 마감을 하고 있다.

데크 마감과 함께 조경 부분은 하얀 자갈을 깔아 마감했다.

뒷마당의 바닥 마감 전경.

서쪽 식당과 연계해 데크로 마감한 마당 전경.

자연의 가치와 환경까지 고려한
마당집의 정석

자연 지역은 일상을 벗어나 '치유', '힐링', '취미' 등을 위해

선택하는 경우가 많다.

그렇기에 무턱대고 집의 규모에 중점을 두기보다는,

어떠한 목적에 중점을 뒀는지에 따라 규모를 결정하는 편이 좋다.

또한 자연 지역은 수려한 환경을 자랑하는 반면, 경사지이거나

옆 필지와의 경계가 분명하지 않을 수 있다는 점이 문제될 수 있다.

필지의 모양이 비정형적이기도 하다.

이러한 지역은 자연환경 그대로를 최대한 활용하는 계획이 필요하다.

그래야만 토목 비용을 줄일 수 있고, 주변 환경과 어울리는 건축물을

만들 수 있다. 마당을 설계할 때는 넓은 자연 속에서도 거주자에게

심리적인 안정감을 주는 요소에 대한 고려가 필요하다.

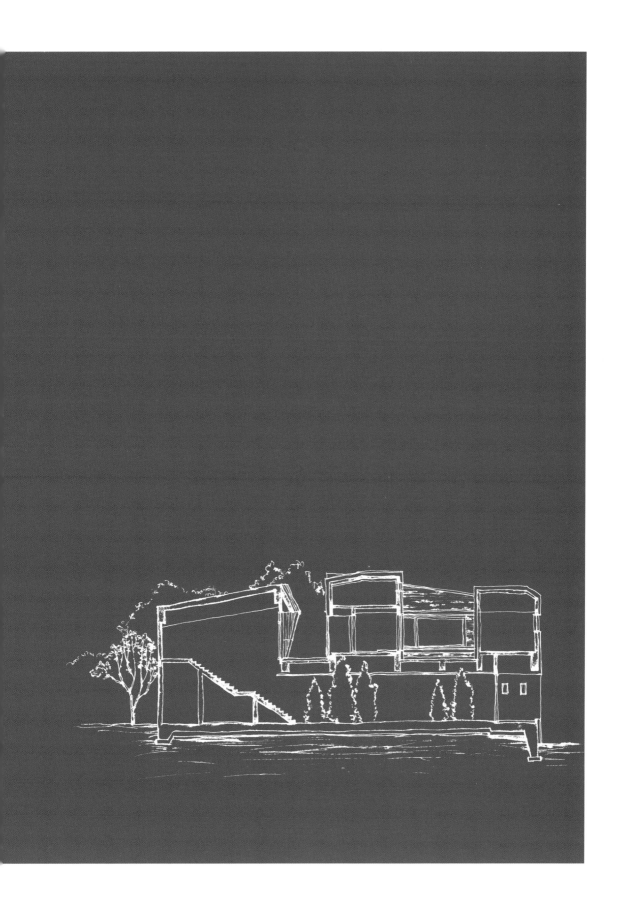

바위와 마당이 하나 된, [양평 바위마당집]

WISH LIST

부부

- 흰색 집에 나무와 벽돌로 조화를 이루는 외관이었으면 합니다. 기본적인 색감은 화이트&블랙, 우드&스틸을 원합니다. 부분적인 색 포인트로는 그레이 또는 톤 다운된 블루 등이 좋겠습니다.
- 주방은 아이들이 노는 모습을 확인하며 요리나 설거지를 할 수 있는 구조이길 바랍니다.
- 마당에서 가족과 바비큐를 즐길 수 있었으면 합니다. 다만 이웃의 피해는 최소화하고 싶습니다.
- 옥상에 장독대, 다용도실에 보조 주방을 작게 구성하고 싶습니다. 세탁실에는 애벌빨래를 할 수 있는 곳이 있었으면 합니다.
- 욕실은 건식과 습식의 조화를 원합니다.
- 간단하게 차를 마실 수 있는 외부 공간이 있었으면 합니다.
- 내외부에서 자연환경의 사계절을 모두 감상할 수 있기를 바랍니다.

주어진 자연 요소를 적극 활용하다

전원주택에서만 누릴 수 있는 이점은 무엇이 있을까? 뭇사람들은 도심 속 시끌벅적한 아파트를 떠나 자연과 벗 삼은 생활을 누릴 수 있는 근교로 보금자리를 옮긴다. '집'이라는 개념이 몇 평짜리 공간에 국한되는 것이 아닌, 마당과 주변 경관까지 포함한 넓은 의미로 바뀌는 것이다.

그런 의미에서 건축 설계는 중요하게 자리한다. 어떠한 설계를 거치느냐에 따라 색다른 공간이 완성되고, 그곳에서 경험하는 모든 것이 삶의 중요한 자양분이 되기 때문이다. <양평 바위마당집> 역시 전원생활을 즐기고 싶어 하는 부부의 프로젝트였다. 남쪽으로 풍경이 펼쳐진 이 부지에는 특별한 점이 한 가지 있다. 바로 한가운데 떡하니 놓인 큰 바위다. 건축주는 바위를 없애야 할지 그대로 두면서 집을 지어야 할지 고민에 빠져 있었고, 우리는 그 고민에 대한 해답을 내놓았다.

'바위를 적극적으로 활용한 독특한 집을 만들자.'

우리는 바위가 건물에 있어 장애 요소가 아니라 건물과 함께하는 좋은 건축적 요소가 되길 바랐다. 오래전부터 자리를 지켜 왔을 바위는 전원주택에서만 만끽할 수 있는 특권이기도 하다. '바위에 맞춰' 설계한 집. 이보다 더 특별한 집이 어디 있을까.

부지 한가운데 자리하고 있던 큰 바위를 적극적으로 설계에 반영한 것이 특징이다. 덕분에 특색 있는 공간으로 탄생했다.

2층에서 내려다본 전경.

1층 거실과 테라스 공간이 연계돼 있어 여러모로 활용도가 높다.

마당, 바위를 품다

집의 배치는 바위를 품도록 구성했다. 바위로 인해 나뉠 수밖에 없는 마당을 중심으로 진입부에서 먼 쪽에 주방을 배치하고 가까운 쪽에 거실을 두었다. 그리고 각각의 실을 식당 마당과 안마당으로 연계했다. 중앙부에 놓인 바위는 두 마당을 잇는 재미있는 언덕이 되기도 하고, 풍경을 만드는 자연이 되기도 한다. 바위로 인해 물러설 수밖에 없는 건물 중앙부는 복도와 계단실로 채웠다.

"마당에서 가족과 함께 바비큐를 즐길 수 있으면 좋겠다고 생각했어요. 앉아서 함께 담소를 나눌 수 있는 곳이길 바랐죠."

우리는 건축주의 바람대로 여러 공간에서 마당을 활용할 수 있게끔 계획했다. 그래서 만들어진 1층 주방 바로 옆에 위치한 작은 필로티 옥외 마당(들마루)은 건축주가 차를 마시거나 식사를 할 때 이용하기 좋은 공간이 됐다. 또한 거실 앞마당은 바비큐를 위한 곳으로, 데크 위에서 가족이 함께 두런두런 얘기를 하며 주변의 경치까지 한눈에 살필 수 있는 알짜배기 장소다.

1층에서 올려다 본 천창.
낮에는 볕을 내리고
밤에는 별을 보낸다.

거실 안에서 바라본 바깥 풍경. <양평 바위마당집>은 설계 단계에서부터 주변의 자연환경을 고려해 거실 위치를 정했다.

사계절의 변화를 내부로 끌어오다

건축주는 심플하고 세련됐으면서도 포근한 느낌이 드는 외
관을 원했다.

"단순하지만 세련된 모습을 가졌으면 좋겠다고 생각했어요.
하지만 집이라는 기분이 들지 않는, 작품처럼 느껴지는 집
은 원하지 않았죠. 홍 소장님이 그동안 설계한 집 중 <완주
누마루 ―자집> 같은 곳이 마음에 들었어요. 흰색 집에 나무
와 벽돌로 조화를 이뤘으면 했죠."

이러한 건축주의 요구 사항을 반영해 지은 <바위마당집>은
기본적인 색감을 화이트&우드 톤으로 정하고, 집의 내외부
어디서든 계절에 따라 변하는 자연을 접할 수 있도록 만들
었다. 덕분에 마당과 테라스를 통해 실외에서 휴식을 취하
면서 자연을 감상할 수 있을 뿐만 아니라 거실과 침실 등의
실내 공간에서도 창으로 외부 공간을 바라볼 수 있다.

또한 꼭 큰 공간뿐만 아니라 소소한 곳에서도 자연의 여러
모습을 감상할 수 있게 됐다. 욕조에 난 작은 창에서 바라보
는 풍경, 천창으로 들어오는 햇빛, 2층의 안방과 작은 방에
놓인 테라스에서 감상하는 주변 경관 등 밖의 풍경을 보는
방법은 다채롭다.

2층으로 올라가는 계단. 목재의 따스함이
느껴진다.

꼭대기에 설치된 천창으로 들어온 빛이
주택 내부를 고루 비춘다.

자연을 그대로 느낄 수 있도록 2층에도 정자(亭子) 같은 쉼터인 테라스를 마련했다.

거실과 마찬가지로 주방도 주변 풍경을 고루 감상할 수 있도록 설계했다.

HOUSE PLAN

위치	경기도 양평군 서종면 명달리 190-7 외 1필지
건축 구성	지하 1층(주차장)
	지상 1층(거실, 주방, 다용도실, 손님방, 욕실 1)
	지상 2층(안방, 욕실 2, 방)
대지 면적	537.00㎡(162.44평)
건축 면적	99.03㎡(29.95평) / 건폐율 18.44%
연면적	지상층 138.42㎡(41.87평) / 용적률 25.77%
	지하층 34.44㎡(10.41평)
규모	지하 1층, 지상 2층
구조	철근콘크리트구조(지하층), 경량목구조(지상층)
주차 대수	1대

배치도

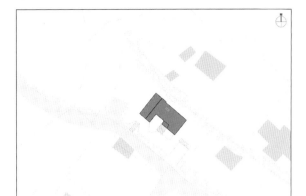

1F

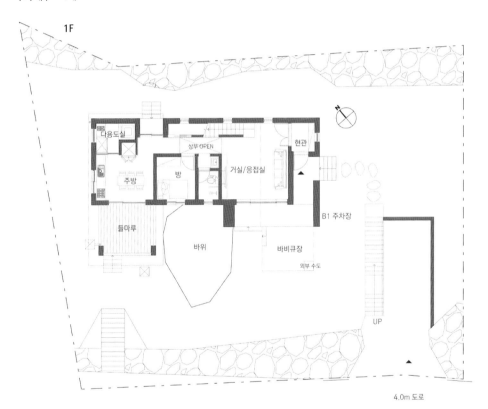

4.0m 도로

2F

B1 주차장

4.0m 도로

145

옹벽 위, 자연 마당을 품은
[거제 스톤힐 STONE HILL]

자연의 정취와 분위기를
그대로 느낄 수 있는
<거제 스톤힐>. 주변 풍경은
곧 이곳의 마당이 된다.

WISH LIST

카페 & 글램핑장

- 복층형 카페를 원합니다.
- 풍경을 건축화하는 카페였으면 합니다.
- 글램핑 이용객을 고려한 동선을 짜고 싶습니다.
- 진입 공간이 매력적으로 다가왔으면 좋겠습니다.
- 자연의 정취와 분위기를 느낄 수 있는 장소로 꾸몄으면 합니다.

주택

- 마당이 있는 공간이었으면 합니다.
- 30평 전후의 공간에 안방(드레스 룸 + 욕실), 자녀 방, 욕실, 다락을 갖고 싶습니다.
- 거실과 주방이 합쳐진 공간을 원합니다.
- 주택 마당은 카페와는 다른 풍경을 즐길 수 있는 공간이길 바랍니다.

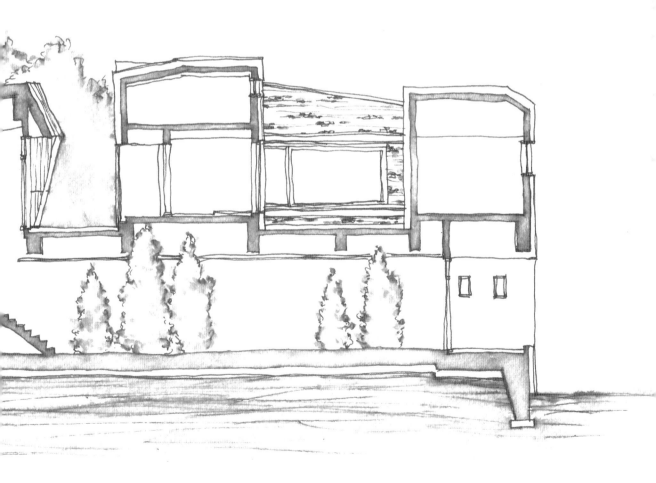

이곳에서는 눈길이 닿는 모든 곳이 감탄을 자아낸다. 거제시에서 멀지 않은 곳이지만,
방문객들이 행복을 찾아가기에 충분한 장소다.

액자 속 풍경 담은, 거제에 살어리랏다

우리는 새로운 곳으로의 여행을 원한다. 일상을 탈피해 낯선 곳에서 맞이하는 아침은 온전히 나만을 위한 것이기 때문이다. 그러니 기왕 여행을 떠날 계획이라면 더 아름답고 더 즐거울 수 있는 곳을 찾아가는 것이 좋지 않을까. 마치 <거제 스톤힐> 같은.

50대의 건축주 부부는 경남 거제시 수월동에 있는 한 부지에 글램핑장과 카페, 그리고 자신들의 주거 공간을 더한 장소를 만들고자 했다. 거제시에서 차로 약 15분 정도를 달리면 도착하는 이곳은 도시에서 그리 멀지 않음에도 불구하고 산기슭과 같은 주변 풍경을 오롯이 담고 있다. 건축주 부부는 이 좋은 환경 속에서 글램핑 힐(Glamping Hill)을 찾는 이들이 기억에 남을 만한 행복을 얻길 바랐다.

"큰 도시에서 멀지 않은 거리에서 다양한 풍경을 즐길 수 있는 이곳을 사람들과 공유하고자 했어요. 온 가족이 편안하게 노닐 수 있는 곳이었으면 더욱 좋겠다고 여겼죠. 복잡한 도심에서 벗어나 자연의 정취와 분위기를 만끽할 수 있는 장소로 탄생하길 원했습니다."

카페를 방문하는 이들이 주변을 감상하고 직접 경험할 수 있도록 만든 공간들.

커피잔을 손에 들고 바라보는 풍경은 힐링 그 자체다.

카페의 높고 넓은 창문들은
어느 곳으로 내다보아도
자연이 펼쳐지는 구조다.
카페는 물론 글램핑장은
공간을 채우려 하기보다는 비우고 덜어내
자연을 즐기기에 더없이 좋은 구조다.
카페 건물 주변으로 바람길을 따라
산책하는 이들이 많은 이유도 이 때문이다.

글램핑장 주변의 산책로는
이국의 정취가 물씬 풍기는 힐링 공간이다.
주변을 둘러 멀리 보이는 산세와
나무, 꽃, 돌 등으로 가꿔진 자연은
마당을 넘어서 공원을 연상시킨다.
드나드는 이들에게 축제와 같은 분위기를 주는 이곳은
자연 마당을 누리기에 충분한 공간이다.

자연과 인공 사이, 그리고 풍경

상업 용도와 주거 용도를 모두 충족시켜야 했기에 설계는 초기부터 여러 애로 사항에 부딪혔다. 영역별로 분리와 조화가 이뤄져야 함은 물론 경사진 도로 경계를 따라 세워진 옹벽의 해결도 시급했다.

'옹벽을 장점으로 풀어 보자.'

머리를 스쳐간 이 생각은 기존의 옹벽을 더 이상 부정적인 인공물이 아닐 수 있도록 도왔다. 이를 위해 건물의 외벽을 기존 옹벽과 연계된 문양의 콘크리트로 마감했고, 자연 재료인 청고벽돌과 같이 구성했다. 덕분에 외부인들이 이곳을 방문할 때 옹벽 사이를 관통하면서 진입하거나 바위를 타고 오르면서 지형의 높이를 더욱 극적으로 경험할 수 있게 됐다.

이 부지의 특징은 주변 산의 자연환경과 먼 도시 풍경을 동시에 조망할 수 있다는 점이다. 또한 건물에 접근할 때, 자연과 건물 사이를 가로지르는 계단이 만드는 프레임, 건축물과 건축물 사이의 프레임, 깊은 처마가 만드는 프레임 등이 자연물과 인공물의 조화를 통한 다채로운 건축미를 느끼도록 돕는다. 건축주를 위한 비용 문제도 고려했다. 이를 위해 일반인들이 이용할 수 있는 카페는 콘크리트 본연의 재질이 살아나도록 날것으로 거칠게 표현하고, 재료의 질감을 나타내기 위해 인공적인 분위기를 자제했다.

'풍경을 건축화하는 카페'라는
콘셉트로 지은 <거제 스톤힐>.
자연은 카페와 하나가 된다.

카페 내부에서 풍경을 감상할 수 있다는 것이 이곳의 가장 큰 장점 중 하나다.
덕분에 어느 한 곳이 아닌 모든 자리가 인생 풍경을 만날 수 있는 명당이다.

찬연한 경치 속에서 누리는 휴식

<거제 스톤힐>은 곳곳에 위치한 마당을 포함, 자연을 만끽할 수 있는 장소들이 충분하다. 조경업에 종사하는 건축주의 손길이 담긴 조경수와 조경석도 이곳의 볼거리를 풍성하게 만든다.

눈여겨볼 만한 곳은 카페와 마당이다. 빼어난 경관을 감상할 수 있는 마당들은 건축주가 가장 선호하는 공간이다.

"영업적인 면을 고려해 카페 마당에 공간을 더 할애했어요. 덕분에 카페 내부에서 통창을 통해 자연을 볼 수가 있죠. 물론 마당으로 나가 풍경을 가까이서 즐길 수도 있고요. 날이 좋을 때는 폴딩 도어를 열어 바깥에서 산책하는 사람들과 소통할 수도 있습니다. 뿐만 아니라 저희 부부가 프라이빗한 생활을 할 수 있는 주택 마당도 마음에 쏙 듭니다. 카페와는 다른 눈높이에서 바라보는 세상이 얼마나 아름다운지 몰라요."

혼자만의 시간을 즐기고
싶은 이들은 창 앞에 놓인
일자 테이블에 앉을 것.
한 잔의 커피와 함께
아름다운 풍경을 나 혼자
오롯이 감상할 수 있다.

높은 층고 덕분에 확장감이 느껴지는 카페 내부. 특히 멋스러운 분위기의 전등은 단순히
빛을 밝히는 도구가 아닌, 이곳의 오브제로 작용한다.

거실에서 바라본 주택 내부와 마당. 아름다운 풍경을 고스란히 담아냈다.

다락에는 책장을 설치해
부족한 수납공간을 해결했다.

간소하게 꾸민 주방. 거실과 연계해
배치했을 뿐만 아니라 마당으로
바로 나갈 수도 있다.

HOUSE PLAN

위치	경상남도 거제시 수월동 122-12
건축 구성	지상 1층(카페)
	지상 2층(카페 / 단독 주택 – 거실, 주방, 욕실 1,
	안방 + 드레스 룸 + 욕실 2, 방, 다락)
대지 면적	6476.00㎡(1958.99평)
건축 면적	303.14㎡(91.69평) / 건폐율 4.68%
연면적	지상층 415.18㎡(125.59평) / 용적률 6.41%
규모	지상 2층
구조	철근콘크리트구조
주차 대수	12대

배치도

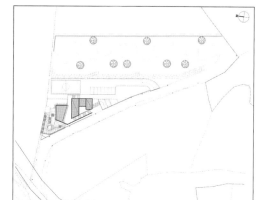

1F

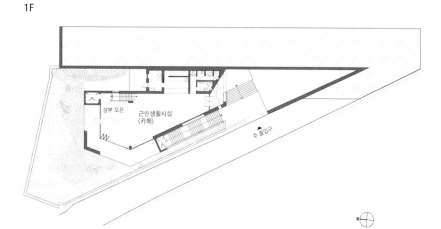

2F

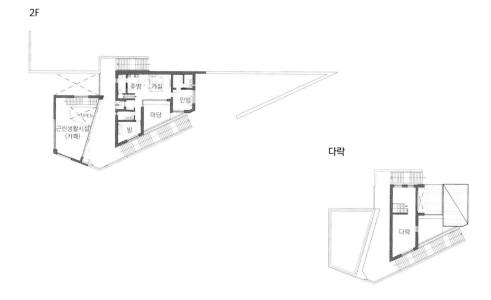

다락

자연 지역, 마당집 지을 때 참고합니다!

1. 집 규모에 큰 욕심을 더하지 말자

자연 지역에 짓는 세컨드 하우스는 향후 매매에 부담이 크지 않은 적당한 규모가 좋다. 집 규모가 클 경우 관리나 에너지 문제로 여러 가지 부대 비용이 많이 들어가기 때문이다. 내부 사용 면적은 작더라도 외부 환경이 넓기에, 설계를 통해 보다 큰 집처럼 느낄 수 있게끔 구성이 가능하다.

2. 주어진 자연 요소(물, 바위, 나무 등)를 적극 활용하라

자연 지역은 바위나 나무, 개천 등 처음부터 좋은 자연물이 존재할 수 있다. 이 경우 자연 요소를 없애지 말고 최대한 활용하면 집의 정체성을 만드는 데 큰 도움이 된다. 이러한 자연 요소는 건물의 계획과 잘 맞지 않으면 위치를 옮겨서 활용할 수도 있다.

멀리서 내다본 〈네모 정자집〉 전경. 총 면적이 25평(1층 12평, 2층 13평)으로 작은 면적이지만, 주변 풍경을 담아내기에 부족함이 없다.

〈양평 바위마당집〉은 대지에 있던 기존 바위를 그대로 살려 계획한 주택이다.

3. 아파트 평면 같은 벽 나누기 식의 닫힌 설계에서 벗어나라

거실, 주방, 방의 개수에 따라 벽 나누기 식의 아파트 평면 설계는 피하는 것이 좋다. 지나치게 기능적인 설계가 되면 주어진 자연환경과 상충하는 공간이 나타나기 때문이다. 채광과 조망을 고려한 자연환경을 최대한 누릴 수 있게끔 가변적이거나 개방적인 평면으로 보다 개성적인 삶에 맞는 집을 지을 필요가 있다.

4. 자연 채광과 자연 조망을 최대한 확보하라

자연 지역 마당집의 가장 큰 장점은 온종일 자연 채광을 받을 수 있고, 자연환경을 생활 속에서 마음껏 조망할 수 있다는 점이다. 설계 시 이런 요소를 최대한 반영하면 남부럽지 않은 힐링 장소를 만들 수 있다. 조망이 있는 부분은 테라스와 같이 연계해 내외부에서 경치를 동시에 경험할 수 있게끔 하는 것이 더욱 풍부한 집이 될 수 있는 지름길이다.

〈양평 언덕 위의 바위집〉 2층 평면도. 야외 스파, 파티형 거실, 테라스 마당, 조망이 있는 욕실 등으로 구성하여 닫힌 설계에서 탈피했다.

경사진 자연 지형을 그대로 살리면서 동쪽 조망과 남쪽 채광까지 고려한 〈언덕 위 ―자집〉 전경.

5. 에너지 효율을 최대화하고, 관리에 용이한 설계를 하라

자연 지역은 도시 지역보다 겨울 평균 기온이 낮다. 따라서 단열이나 창호는 법적 기준보다 더 강화된 기준을 적용하는 것이 관리비 절감 효과를 볼 수 있는 방법이다. 또한 준공 후 집의 수리나 소모품 교체, 동절기 외부 수도, 관리 밸브 등에 있어 최대한 쉽게 관리할 수 있는 방식으로 설계하는 것이 중요하다.

7. 주변 자연환경으로부터 보호되는 건물 배치를 하면 안정감 있는 마당집이 된다

자연 지역의 필지는 도시나 근교 지역에 비해 크기가 큰 경우가 많다. 그렇기에 큰 규모를 생각해 건물을 배치하지 않으면 마당이 너무 노출돼 공간 활용성이 떨어지게 된다. 주어진 필지의 주변 자연환경으로부터 보호되는 건물 배치를 하면 보다 안정감 있는 마당집을 계획할 수 있다.

〈가평 사랑방을 둔 ㄷ자집〉. ㄷ자로 에워싸인 마당은 외부 환경으로부터 독립되고 안정적인 공간감을 준다.

실내에서 ㄷ자로 에워싸인 마당을 바라본 전경.

6. 일상적 공간은 최소화하고 목적 공간을 최대화하라

자연 지역에 위치한 집을 지을 때는 그 집의 목적(힐링, 취미, 세컨드 하우스, 휴식 등)에 부합하도록 설계하는 것이 좋다. 일상적 공간 사용(방의 크기, 방의 수, 거실 사용 방식 등)에 너무 집착하면, 원래 계획대로 목적한 집을 얻기 어렵다.

그중에서도 일상을 떠난 탈일상을 목적으로 한다면, 일상적 공간의 면적은 최소화하고 목적 공간에 더 많은 면적과 공을 들이는 것이 좋다.

도서관 같은 공간을 목적으로 지은 〈양평 BOOK BOX〉.

방과 욕실은 책들 속에 섞여 새로운 공간감을 선사한다.

〈양평 BOOK BOX〉는 93m의 긴 대지를 따라 들어선 모습으로 마당과 어우러진 숲 속 도서관 역할을 하고 있다.

마을 환경까지도 마당 안으로
들여놓은 비밀의 집

농어촌 지역은 토지의 크기가 넓은 경우가 대다수다.

주거 기능 외에도 텃밭이나 가축, 농사 등의 외적인 생활이 마당을 통해

이뤄지기 때문이다. 이러한 지역은 기존에 형성된 마을 환경이나

주민들과의 소통이 중요하다. 따라서 인접 대지와의 경계를 위한

담장도 마을의 분위기를 고려해야 한다.

마당 계획도 마찬가지다. 단순히 내부 기능과 연계되는 역할 외에

농사일이나 마을 주민들과의 소통 등 외부 활동을 생각해 봐야 한다.

농사와 관련된 일을 할 경우를 대비해 작업 마당이나 각종 창고 등을

설치할 수 있는 공간을 구성하는 것이 좋다.

또한 요즘 농어촌은 주차 문제가 이웃 간 싸움으로 번지는 일이 있기에

필지 내 주차장 확보도 중요하다.

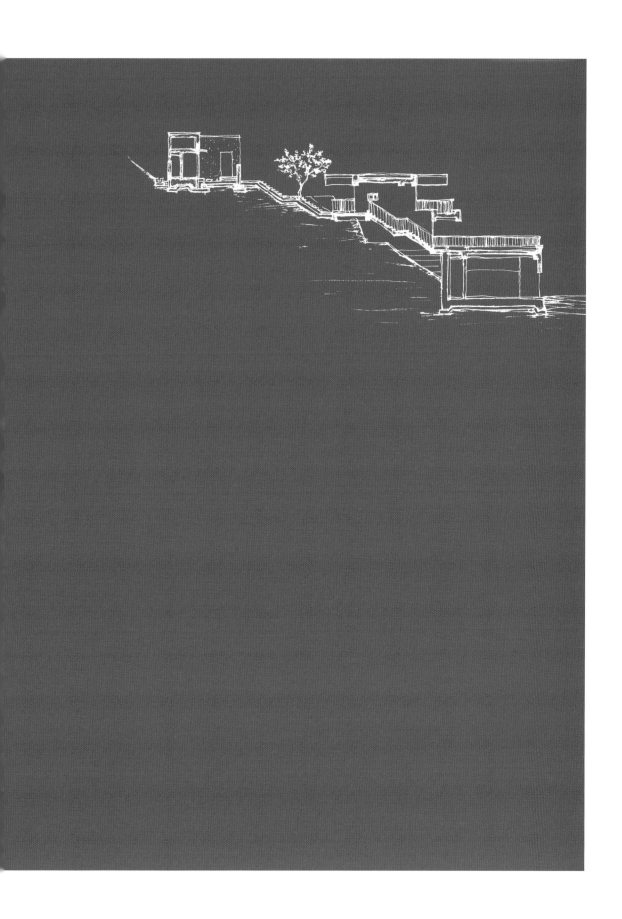

과거와 미래를 잇는 마당, [신현리 햇살 담은 집]

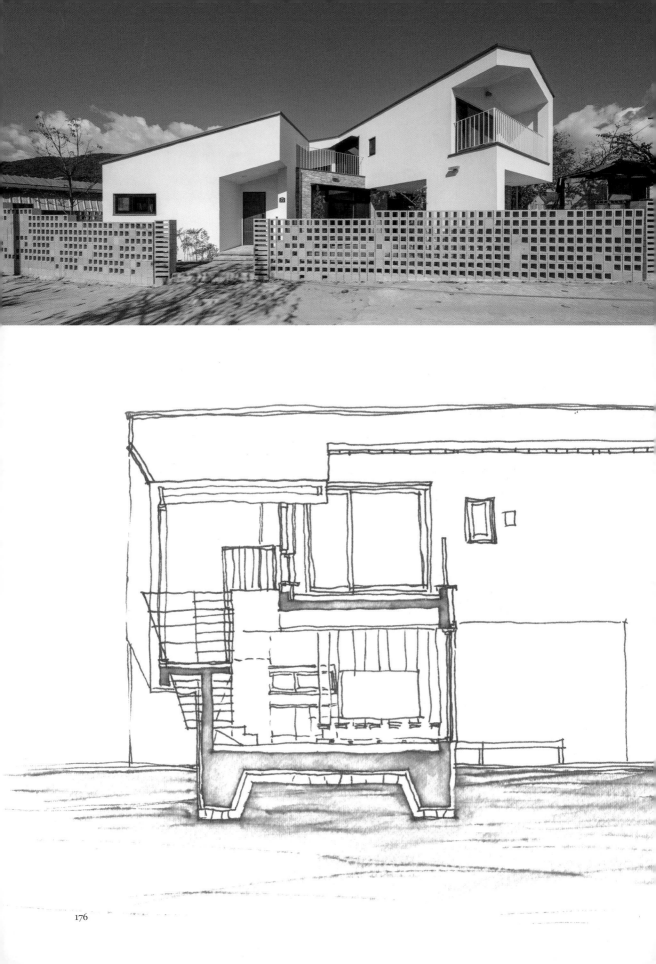

WISH LIST

공통

• 집의 전체적인 색이 밝은 톤이었으면 합니다.

• 방마다 가급적 베란다가 있어 외부를 볼 수 있으면 좋겠습니다. 접
 이식 식탁이나 의자를 두고 차를 마실 수 있는 공간이 있었으면 합
 니다.

• 마을에 자연스럽게 녹아 들어갈 수 있는 주택이었으면 합니다.

• 기존 어머니 집과의 관계가 이어지는 장소가 있었으면 좋겠습니다.

• 지정된 장소 외에도 아무 곳에서나 책을 읽을 수 있는 환경이 조성
 됐으면 하고 바랍니다.

남편

• 1층에는 오픈형 주방과 거실, 욕실, 다용도실이 있었으면 합니다.

• 2층에는 안방, 샤워장, 화장실을 두고 싶습니다.

• 평수 외 사용 가능한 베란다가 필요합니다.

• 야외 마당에 주차장 외 바비큐 장으로 활용할 수 있는 공간을 바랍
 니다.

아내

• 1층 거실은 회의할 수 있는 공간과 미니 도서관을 겸하고자 합니다.

• 화상 채팅을 예정하고 있기에 빔 프로젝트를 사용할 수 있는 공간
 이 필요합니다.

• 현관이 깔끔했으면 좋겠습니다.

자녀

• 댄스 연습을 하기 위한 방음 시설이 가능할지요.

• 몸에 열이 많아 침대는 창가에 두었으면 합니다.

• 낮은 침대와 책장, 공구 수납공간을 바랍니다.

<신현리 햇살 담은 집>은 농어촌 지역에 짓는 점을 감안해 지나치게 튀거나
마을 분위기를 해치지 않는 선에서 주택을 설계한 것이 특징이다.

추억과 미래의 조우

고향을 떠난 이들은 '고향'이라는 장소를 떠올리며 그리움을
느낀다. 반면 고향을 지키는 사람들은 떠난 이들의 이름에
서 그리움을 느낀다. 때문에 고향에 남은 이들은 삶의 터전
을 지키기 위해 노력한다. 떠난 사람이 돌아올 수 있도록, 남
은 사람이 떠나지 않도록.

<신현리 햇살 담은 집>의 건축주는 저자의 오랜 벗으로, 긴
시간을 부모님과 함께 거주하며 고향을 지켜 왔다. 어찌 보
면 작은 규모의 집에서 부모님과 부부, 어린 자녀들과 같이
살을 비비며 옹기종기 많은 추억을 쌓아온 것이다.

"점차 자라나는 아이들을 위해 새로운 보금자리를 짓고 싶
었어요. 하지만 기존에 살던 곳을 떠나고 싶진 않았죠. 그래
서 이전 집의 바로 옆에 새집을 짓고자 했어요."

그렇게 고향 친구와 그의 가족을 위한 설계가 시작됐다.

활용도가 높은 테라스 공간. 비를 피해 가족만의 담소를 나누거나,
주방의 연장 공간으로 사용하는 등 여러모로 자주 드나드는 곳이 됐다.

필로티 아래 테라스를 통해 바라본 거실과 주방.

마을 환경에 자연스럽게 스며들기 위해 담장을 과하지 않게 설치했다.
높지 않은 담장 덕분에 주변 풍경도 오롯이 감상할 수 있다.

마당과는 다른 분위기를 느낄 수 있는 2층 테라스. 경사 지붕이
만들어 내는 지붕선을 볼 수 있는 것도 뷰(View) 포인트 중 하나다.

주택 내부에서 바라본 바깥 풍경.

<신현리 햇살 담은 집>의 외관. 남쪽을 향한 테라스와 툇마루가 보인다. 2층집임에도 불구하고
적절한 설계를 통해 마을 풍경과 자연스럽게 어울린다.

마을 주민과의 화합을 중시한 설계

경상북도 문경시 마성면 신현리에 터를 잡은 이곳은 농가 주택 기준에 부합하면서도, 주변 마을과의 조화를 이루는 것을 최고 과제로 삼았다. 농어촌 지역의 경우에는 외부인들이 원주민들과 잘 어울리지 못하는 일이 더러 있는데, <햇살 담은 집>은 오랜 기간 거주하며 쌓아 온 주민들과의 정 덕분에 그런 점에서는 염려가 없었다.

다만 신축 과정에서 다른 주택과의 위화감이 없어야 했기에 층고와 담장 등이 너무 높지 않도록 설계했다. 대문 역시 최소한의 프라이버시만 확보할 수 있도록 낮게 설치했다. 또한 박공지붕을 통해 경사 지붕에서 느낄 수 있는 매력을 최대한 살리고, 멀리 흐르는 강과 산 등의 자연환경을 조망할 수 있도록 외부 시야를 들일 수 있는 공간들을 구성했다.

"위치상 마을 주 진입로에서 이곳을 바라보았을 때, 너무 튀거나 마을 분위기를 해치지 않는 것이 주목적이었어요. 그래서 높이를 고려했죠. 전체적인 주택의 외형이 낮은 곳에서부터 점점 높아지는 모양을 한 것도 이러한 점 때문이에요."

오픈형 주방과 미니 도서관으로 설계한 거실. 건축주 부부는 물론 자녀들도
자연스럽게 책을 접할 수 있는 환경이 만들어졌다.

아이의 꿈과 함께 자라나는 공간

<햇살 담은 집>이라는 이름을 지은 이유는 주택 내외부에서 고루 느낄 수 있다.

"저희 가족의 공통 요구 사항 중 하나가 '집의 밝은 분위기'였어요. 그래서 설계 당시부터 이러한 요소가 적극 반영됐죠. 일반 주택들을 보면, 간혹 어느 한 공간은 햇볕이 잘 들어오지 않는 경우가 있는데, 이곳은 내부 곳곳에 햇볕이 잘 들어와요. 홍 소장님께서 2층 테라스에서부터, 안쪽 계단실까지 집 전체에 햇살이 잘 들어올 수 있게 설계해 주신 덕분이죠."

남향으로 열린 입체적인 마당들도 눈길을 끈다. 그중에서도 필로티 공간을 활용한 툇마루는 기존 어머니 집과의 관계를 고려한 장소다. 어머니 집 마당과 새집의 필로티 마당 간 연계성에 중점을 둔 것으로, 각자의 집은 따로 있지만 언제든지 편안하게 드나들 수 있는 통로를 마련한 셈이다.

한편 '도서관이 있었으면 좋겠다'는 건축주의 요구 사항에 맞춰 테라스가 어우러진 풍부한 도서관 공간도 확보했다. 외부 시야가 한눈에 들어오는 오픈형 책꽂이의 도서관은 가족실로 이용되기도 한다. 책은 지정된 도서관 외에도 어느 곳에서나 쉽게 읽을 수 있도록 곳곳에 배치했는데, 그중에서도 아이들이 가장 흥미를 느끼는 공간은 계단실이다.

계단 중앙부에 책꽂이를 함께 놓아 아이들이 계단에서도 편한 자세로 독서를 할 수 있도록 배려했다. 이로 인해 계단은 단순히 위아래를 연결하는 통로 역할에서 벗어나 미니 독서실로 자리하게 됐다.

2층으로 올라가는
계단에도 책꽂이를
설치해 아무 데서나
편하게 독서를
할 수 있도록 꾸몄다.

주어진 자연환경을 바라볼 수 있는 2층 도서관.
이곳은 책과 조망, 테라스의 풍부함이 더해져
가족만의 특별한 장소로 탄생했다.

HOUSE PLAN

위치 경상북도 문경시 마성면 신현리 319-34

건축 구성 지상 1층(거실, 주방, 다용도실, 안방, 욕실 1)

지상 2층(자녀 방 1, 욕실 2, 자녀 방 2, 도서관)

대지 면적 232.00㎡(70.18평)

건축 면적 129.26㎡(39.10평) / 건폐율 55.72%

연면적 지상층 150.88㎡(45.64평) / 용적률 65.03%

규모 지상 2층

구조 철근콘크리트구조(1층), 경량목구조(2층)

주차 대수 1대

배치도

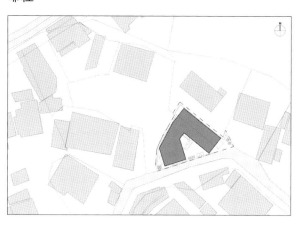

1F

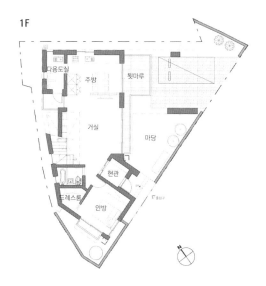

2F

바다의 노을을 담은 마당,
[통영 지그재그 펜션 주택]

WISH LIST

주택

- 20평 정도로 필요한 공간만 콤팩트하게 만들고 싶습니다.
- 넓은 거실과 드레스 룸, 주말에 오는 아이들을 위한 다락을 상상해 봅니다.
- 다용도실로 통하는 외부 빨래 건조 공간이 필요합니다.
- 비를 즐길 수 있는 장소가 있었으면 좋겠습니다.
- 펜션 방문객들의 방해를 받지 않는 프라이빗한 마당이 있었으면 합니다.

펜션

- 예전 집이 산에서 흘러내린 물로 침수된 경험이 있기에 습한 환경을 고려해 토목 공사 시 배수에 신경 썼으면 합니다.
- 토목을 겸한 1층 주차장, 2층 창고, 작업실 및 다용도 공간, 창고 위 파티 룸 및 수영장을 원합니다. 해수 풀은 최대한 컸으면 좋겠고, 입구에는 해수 헹굼을 위한 야외 샤워 시설 설치를 바랍니다.
- 1층에는 조식 및 휴게실 용도의 카페와 탕비실이 있었으면 좋겠습니다.
- 카페에는 음악을 전공한 아내의 연주와 취미 생활인 그림을 전시할 수 있는 공간이 있었으면 합니다.
- 전 객실에 바다 조망 및 다양한 외부 공간이 필요합니다. 여러 공간을 조성해서 손님들이 즐길 수 있는 가마솥 화덕, 해먹 걸이 등을 설치하고 싶습니다.
- 통영이라는 지역의 특성을 살린 공간이 있었으면 합니다. 특히 수영장에서는 마치 바다에서 수영하는 듯한, 통영에서만 경험할 수 있는 특별한 무언가가 있었으면 하고 바랍니다.

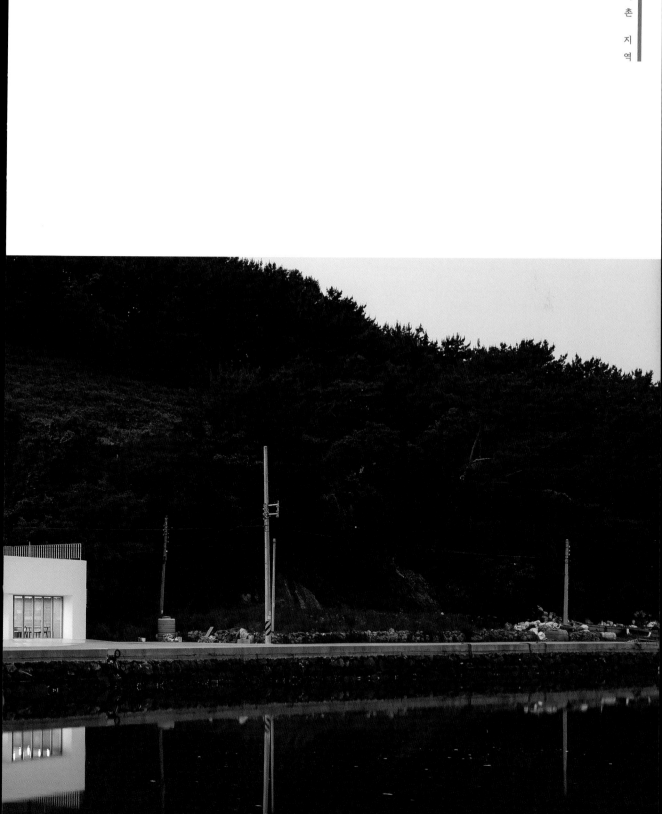

개성을 담는 그릇, 단독 주택에 사는 일

흔히 단독 주택 설계는 옷에 비유되곤 한다. 천편일률적으로 찍어 내는 기성복이 아닌, 건축주의 라이프스타일을 담은 맞춤복이라는 것이다. 같은 구조로 지어진 공간에서 여러 세대가 공존하는 공동 주택과 건축주의 얘기에 오랜 시간 귀 기울여 탄생하는 단독 주택은 분명 다를 수밖에 없다.

이로 인해 최근에는 단순 주거를 넘어, 자신이 꿈꾸던 미래까지 아우르는 주택을 짓는 사례가 늘고 있다. 작업실이나 상가 운영, 아니면 제2의 수익을 창출할 수 있는 카페나 펜션 등을 함께 설계하는 경우를 많이 볼 수 있다. 특히 단독 주택을 찾는 이가 늘어남에 따라 부지의 특색도 다양해지고 있는데, 이러한 특징들은 건축가에게 새로운 도전이자 앞으로의 단독 주택이 나아가야 할 방향을 보여 준다.

펜션동과 4층 건축주 주택 사이에 놓인 마당 공간. 펜션에 출입하는 방문객들의 방해를 받지 않고 프라이빗하게 즐길 수 있다.

<통영 지그재그 펜션 주택>은 건축주의 바람대로 색다른 즐거움을 선사하는 곳으로 탄생했다. 건물의 틈 사이사이로 보이는 풍경이 방문객의 지친 마음을 위로해 준다.

은퇴 후, 우리는 어떤 삶을 살게 될까

<통영 지그재그 펜션 주택>의 건축주는 은퇴를 앞둔 체육 선생님으로, 일을 그만둔 뒤에도 사람들과 교류할 수 있는 장소를 만들고 싶어 했다. 수익 창출의 목적을 넘어 사람들에게 색다른 즐거움을 선사하고 싶었던 것.

"바다와 근접한 위치, 정남향, 경사도가 있는 조망, 한적하고 조용한 마을 등 부지 활용에 대해 오랫동안 고민했어요. 그 결과, 카페, 풀장, 객실, 주택 등을 모두 갖춘 공간을 짓기로 결심했죠. 저희 집을 찾는 손님들에게 평소에는 즐길 수 없는 매력을 선물하고 싶었다고나 할까요. 또한 통영의 아름다움을 가장 가까이서 느끼길 원했고요."

경사진 대지와 함께 전면으로는 바다, 뒤로는 녹지와 맞닿아 있던 이곳은 그 자연적 입지만으로도 특별했다. 따라서 지형을 많이 훼손하지 않는 선에서 설계를 진행했고, 카페, 풀장&파티 룸, 객실, 주택들을 레벨별로 구분해 배치했다. 신경 쓴 요소는 대지뿐만이 아니었다. 우리는 이곳 부지의 최대 장점인 '물'에도 집중했다.

"통영이라는 지역의 특성을 살려 어느 공간에서나 바다를 느낄 수 있었으면 했어요. 각 객실은 물론 2층 수영장에서 수영을 할 때도 마치 내가 바다에서 수영을 하는 듯한 연장선상의 기분을 주려고 했죠. 도시에서는 경험하기 힘든 그런 분위기 말이에요."

'바다가 보이는 수영장이 있는 펜션'을 콘셉트로 만들어진
이곳은 각 객실에서 다양한 시각으로 '물'을 바라볼 수 있다.

2층 파티 룸에서는 수영장, 바다를 한눈에 감상할 수 있다.

오르내리는 즐거움, 그리고 마당

<통영 지그재그 펜션 주택>의 1층에는 주차 시설과 카페를 뒀고, 2층은 파티 룸과 풀장, 3층은 객실, 4층은 건축주가 거주하는 단독 주택으로 꾸몄다. 각각의 건물이 여러 목적으로 나뉘었기에 통일성을 부여하는 것도 중요했다. 공통적 키포인트인 '다양한 외부 공간'이 바로 그것이다.

"모든 공간에서 바다 풍경을 감상할 수 있으면서도, 각기 다른 풍경도 볼 수 있게끔 하고 싶었어요. 특히 저희가 거주하는 단독 주택은 약 66.12㎡(20.00평) 정도로 아담하게 만든 대신, 여러 용도로 활용할 수 있는 마당들이 있었으면 했죠."

이러한 요소를 반영한 덕분에 각 외부 공간은 바다와 연결됨과 동시에 바닷가 근처에서만 바라볼 수 있는 시원한 풍경을 느낄 수 있게 됐다. 경사를 오르내리며 변화하는 바다를 보는 일도 놓칠 수 없는 즐거움이다.

또한 건축주가 거주하는 주택의 마당은 손님의 방해를 받지 않고 개인적인 활동을 누릴 수 있도록 계획했다. 안방과 연결된 안마당, 부엌/식당과 통하는 다용도 마당, 간단하게 바비큐 파티와 모임 등을 할 수 있는 바깥마당이 그 예다. 그중에서도 다용도 마당은 부부가 가장 선호하는 장소다. 잡동사니들을 보관할 수 있을뿐더러 날씨가 화창한 날에는 빨래를 널어 마음까지 뽀송뽀송하게 말릴 수 있기 때문이다.

이 밖에도 책꽂이가 전면에 위치해 있어 독서를 즐길 수 있는 안마당도 이곳의 정취를 한껏 배가시킨다.

4층 건축주 주택의 안방 내부. 아담하게 꾸민 안방에서는 고개만 돌리면 주변의 너른 풍경을 한눈에 담을 수 있다.

다락으로 오를 수 있는 계단 부분에 책장을 설치해 주택에서
부족할 수 있는 수납공간을 해결했다.

HOUSE PLAN

위치 경상남도 통영시 산양읍 풍화리 196-4 외 3필지

건축 구성 펜션동
지상 1층(카페, 주차장) + 지상 2층(파티 룸, 수영장)
지상 3층(객실 4개소) + 지상 4층(객실 1개소)
건축주 주택
지상 4층(거실, 주방, 다용도실, 욕실, 안방, 드레스 룸) + 다락

대지 면적 1652.00㎡(499.73평)

건축 면적 573.80㎡(173.57평) / 건폐율 34.73%

연면적 지상층 541.12㎡(163.68평) / 용적률 32.76%

규모 지상 4층

구조 철근콘크리트구조(펜션동), 경량목구조(건축주 주택)

주차 대수 7대

배치도

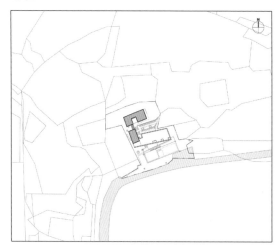

1F

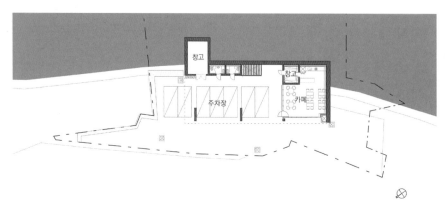

2F

탈의실
파티룸
풀장 라운지
풀장

3F

휴게공간
객실
객실
객실
객실
테라스
테라스
테라스

4F

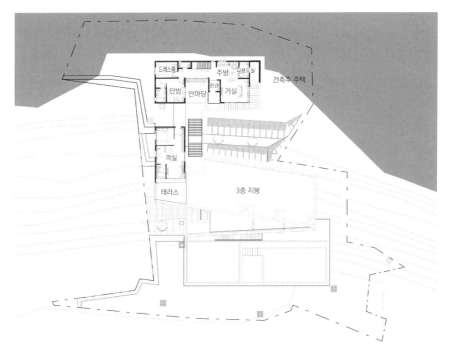

드레스룸
주방
다용도실
안방
안마당
현관
거실
건축주 주택
객실
테라스
3층 지붕

농어촌 지역, 마당집 지을 때 참고합니다!

1. 마을의 기존 환경을 존중하라

농어촌은 마을 공동의 규율이 존재하는 경우가 있다. 건축에 있어서도 마을의 오랜 관습이나 규율을 존중하며 계획하는 편이 좋다. 길과의 관계나 건물의 높이, 재료 사용, 담장의 개방도 등 마을의 기존 환경을 배려해야 주민과의 마찰을 피할 수 있다.

2. 대지 경계는 마을 주민과의 소통을 고려하라

농어촌 지역은 대지 경계가 분명치 않고 서로의 편의에 따라 다양하게 활용되고 있는 경우가 많다. 신축을 하면서 경계는 분명히 하되, 사용에 있어서는 주민들과 상의해 좋은 방법을 찾는 것이 중요하다. 경계 담장을 하더라도 서로가 불편함이 없는 방식으로 계획하는 편이 현명하다.

마을 주 진입로 쪽 경관을 고려해 코너에서 낮게 계획한 〈신현리 햇살 담은 집〉.

길 쪽애는 담장보다 작은 데크를 두어 부엌에서 바로 마을 주민들과 소통할 수 있도록 계획한 〈진천 부모님 집〉.

3. 집을 짓는 목적을 분명히 하라

농어촌 주택은 집을 짓는 목적을 분명히 한 후에 설계하는 것이 중요하다. 귀농, 귀촌, 휴식 또는 힐링 주택, 건강 주택, 은퇴 후 주거, 부모님 주택 등 목적에 따라 설계가 달라진다.

각자의 목적에 맞게 집의 규모나 층수, 재료의 선택, 외부와의 관계, 마당의 활용 등이 다르게 계획돼야 한다. 그렇지 않을 경우 목적을 이루기 위해 준공 후 부가적인 비용이 계속 발생하기 때문이다.

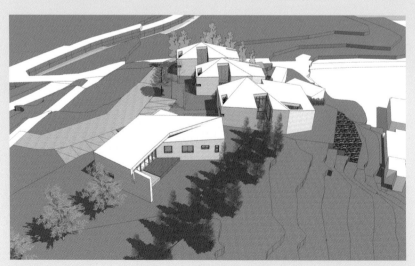

은퇴 후 수입을 얻으면서 소통을 하고픈 목적에 건축주 주택과 별도로 펜션 주택을 계획했던 한 구상도.

4. 농어촌 생활에 필요한 여러 활용 공간을 마련하라

농어촌에서 생활할 때는 도심과 달리 잉여 공간이 필요하기 마련이다. 농사와 관련된 일이 있을 경우를 대비해 저장 창고나 장비 창고, 농산물 관련 작업 마당 등의 내외부 공간을 계획하는 것이 좋다. 처음부터 창고동을 별도로 계획하는 것도 효율적일 수 있다.

5. 나이 많으신 부모님 집일 경우 무장애 설계 및 자연 채광을 최대한 확보하자

농어촌 지역에 연세가 많으신 부모님 집을 짓는 경우, 건강을 생각해 집 안 구석구석 채광이 잘 되는 설계를 하는 것이 중요하다. 설계를 통해 굳이 밖에 나오지 않고도 최대한 자연 채광을 누릴 수 있는 건강한 집을 지을 수 있기 때문이다. 또한 각 방이나 욕실의 무장애 설계를 통해 내부 실들의 사용에 있어 안전성을 확보하는 것이 중요하다.

〈진천 부모님 집〉. 현관 옆에 작은 옷방을 두어, 농사 일을 마치고 들어오면서 바로 작업복을 갈아입을 수 있도록 구성했다.

〈진천 부모님 집〉. 거실과 복도 끝 안방은 햇볕이 잘 들도록 남쪽으로 마당을 두었다.

6. 충분한 단열과 우수한 창호 성능이 필요하다

도시 지역을 제외한 나머지 지역은 에너지 효율과 관리를 위해 단열과 창호의 성능을 아무리 강조해도 지나치지 않다. 건축비가 많이 들어도 성능 높은 재료를 쓰는 것이 향후 유리하다.

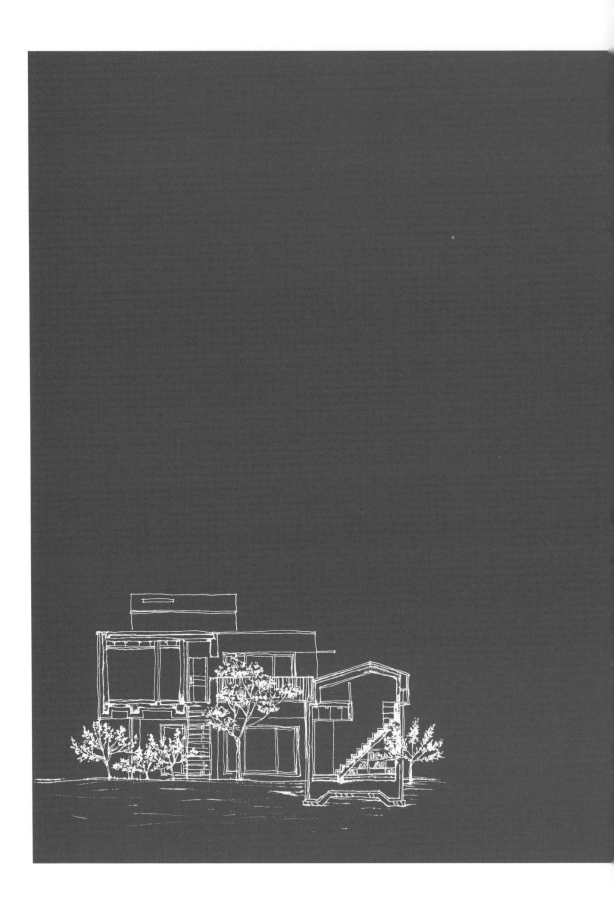

따로 또 같이! 함께 사는 즐거움이
배가되는 모범 마당

땅콩 주택이라고 불리는 듀플렉스 하우스가 많은 인기를 얻고 있다.
두 세대가 비싼 토지비를 나눠 분담함과 동시에 마당집을
얻고자 하는 바람이 서로 맞아떨어진 경우다. 적절한 설계를 통해
각자의 프라이버시한 마당이나 공유 마당을 얻을 수 있어 효과는 배가된다.
두 세대의 친분이 어느 정도인가에 따라 마당의 사용을
한층 더 다양한 모습으로 계획할 수 있다.
따라서 토지의 균등한 분배와 작아진 토지에 마당을
어떻게 구성해야 하는지가 관건이다.
남향과 도로의 위치(남측 또는 북측 도로)에 따라
마당과 주차장의 관계도 고려해야 할 요소 중 하나다.

두 자음이 모여 탄생한 개별 마당,
[김포 운양동 ㄱ+ㄷ자집]

WISH LIST

자녀 세대

- 추후 신규 건축이나 분양 면에서 유리하도록 해당 필지에서 동을 분리하고 싶습니다.
- 햇볕을 최대한 많이 받을 수 있도록 창호를 고려해 선택하고자 합니다.
- '결로가 없는 집'이었으면 좋겠습니다. 단열을 최대한 확보할 수 있도록 에너지와 기밀 성능이 우수한 독일식 창호를 쓰고 싶습니다.
- 1층은 거실과 주방을 통으로 한 연계 배치를 원합니다.
- 주방에서 연계되는 윈터 가든(테라스) 설치를 바랍니다.
- 거실은 공동 서재 + 학습 공간으로 만들고 싶습니다. TV는 설치하지 않고, 소파와 6~8인용 테이블을 놓고자 합니다.
- 1~2층 모두 청소기를 넣어 놓고 충전할 수 있는 공간이 필요합니다.

- 마당은 잔디를 깔아 관리가 편하게 하고, 자전거 거치대가 있었으면 합니다.

부모 세대

- 근처 공원이 보이는 마당과 테라스가 있었으면 좋겠습니다. 테라스는 거실과 연결을 원합니다.
- 집 안에 수납공간이 여러 군데 있었으면 합니다. 다양한 짐을 놓을 수 있게 다락도 넓었으면 좋겠습니다.
- 에어컨을 설치할 수 있는 공간이 지정돼 있었으면 합니다.
- 주방과 거실이 확장되길 바랍니다.
- 빨래나 각종 집안일을 할 수 있는 다용도실이 1층 현관과 가깝게 있었으면 합니다.
- 깔끔하게 옷을 정리할 수 있는 드레스 룸이 안방과 붙어 있었으면 좋겠습니다.

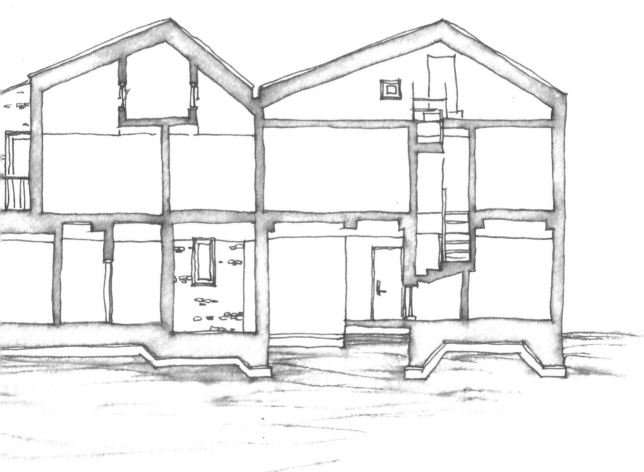

프라이버시 확보와 소통을 동시에 누리는 듀플렉스 하우스

'적절한 프라이버시 속 소통'이 화두인 요즘, 보다 실속 있게 삶을 꾸려 나가고자 하는 이들이 늘고 있다. '타인'보다는 '나'라는 주체에 집중하는 시대 속에서, 어떻게 하면 서로 힘들이지 않고 소통을 이어나갈 수 있을까.

한 예로 '가족과의 관계'에서는 '단독 주택'이 핵심 열쇠로 자리할 수 있다. 기존의 출입문을 하나로 공유하는 아파트에서 부모님을 모셔야 하는 경우, 생활 반경이 좁아 계속 부딪칠 수밖에 없기에 여러모로 갈등이 발생하기 마련이다. 서로의 영역을 침범하게 되기 때문.

그러나 처음부터 공용 생활을 염두에 둔 설계를 통해 지어진 단독 주택 생활은 행복감을 가져올 수 있다. 누군가의 방해를 받지 않으면서도 함께 사는 기분을 느낄 수 있어서다.

<김포 운양동 ㄱ+ㄷ자집>은 부모님과 자녀 세대 각자의 라이프스타일을 누릴 수 있도록 듀플렉스 구조를 선택했다. 가구당 독립적인 개별 마당을 가짐으로써 서로의 영역을 침범하지 않으면서도 전원 생활을 누릴 수 있는 설계를 고안한 것이다. 특히 근처에 위치한 공원을 향해 시각을 확장할 수 있도록 마당을 설계한 점이 눈여겨볼 만하다.

단독 주택의 운치를 그대로 담은 마당과 테라스

이곳은 부모와 자녀 세대가 독립적으로 마당을 즐길 수 있다는 점이 핵심 포인트다. 또한 부모 세대 공간은 서쪽에 위치한 공원 길과 연계될 수 있도록 'ㄱ'자 배치를, 자녀 세대는 3면이 도로에 접한 대지에 'ㄷ'자로 주택을 배치해 프라이빗한 마당을 계획한 것이 특징이다.

7세와 10세, 어린 남자 형제를 키우는 자녀 세대는 그동안 아파트에서는 생각할 수 없었던 단독 주택 마당의 장점을 충분히 누리고자 했다고.

"아파트에 거주했을 때부터, 축구를 굉장히 좋아하는 아이들과 연세가 드시면서 전원생활을 그리워하는 부모님을 위해 새로 이사 오는 단독 주택에서는 내외부 소통이 가능한 여러 마당이 있길 바랐어요. 'ㄷ'자 배치를 통해 프라이빗한 마당은 물론 근처 공원까지 조망 가능해 아파트에서는 볼 수 없었던 다채로운 풍경을 감상할 수 있게 돼 행복합니다."

뿐만 아니라 자녀 세대에는 마당과 테라스로 연계되는 내부 공간을 통해 다양한 입체감을 줬다. 이를 통해 주방과 거실에서 자유롭게 마당을 오갈 수 있게 됐다.

"거실은 공동 서재 겸 학습 공간으로 사용하고 있는데, 연계된 테라스까지 활용하니 마치 북 카페에 와 있는 듯한 착각이 들 정도예요. 외출 대신 집 안에서 지내는 시간이 더 많아졌죠(웃음). 거실 테라스는 필로티 구조로 돼 있어, 비가 오는 날에는 운치 있게 빗소리를 들으며 시간을 보낼 수 있어 더욱 좋아요."

아울러 자녀 세대는 2층 방에서도 테라스를 오갈 수 있도록 만들어 편의성을 더했다.

부모 세대도 마찬가지로 마당 공간에 큰 노력을 쏟았다. 1층 테라스 마당이 거실에서부터 확장되게끔 구성해 서쪽에 위치한 공원 길과 연계시켰다. 이어 2층 방에서도 발코니를 드나들 수 있도록 만들어 주변 경치를 내부로 끌어들였다.

주택 내부에서 바라본 풍경. 1층 테라스를 입체적으로 구성해 자유롭게 내외부를 드나들 수 있도록 했다.

공동 서재 겸 학습 공간으로 사용하고 있는 거실. 북 카페 혹은 미니 도서관을 연상시킨다.

거실과 연계한 마당은 테라스를 통해
가족만의 프라이빗한 생활을
누릴 수 있다.

블랙으로 통일한 시크한 분위기의 주방.
테이블 위에 설치한 인테리어 조명이
멋스러움을 더한다.

거실과 주방 어느 곳에서나 외부와 소통할 수 있는 <운양동 ㄱ+ㄷ자집>.

단을 높여, 여러 활용성을 배가시킨 공간.
창 너머로 보이는 수려한 풍경이
눈길을 끈다.

부모님이 거주하는 공간.
2층 방에서도 발코니를 드나들 수 있도록
만든 것이 특징이다.

멋스러운 벽면 타일이 돋보이는
수(水)공간. 세면대를 외부에
설치해 편의성을 높였다.

자녀 세대의 욕실.
호텔 욕실을 연상케 한다.

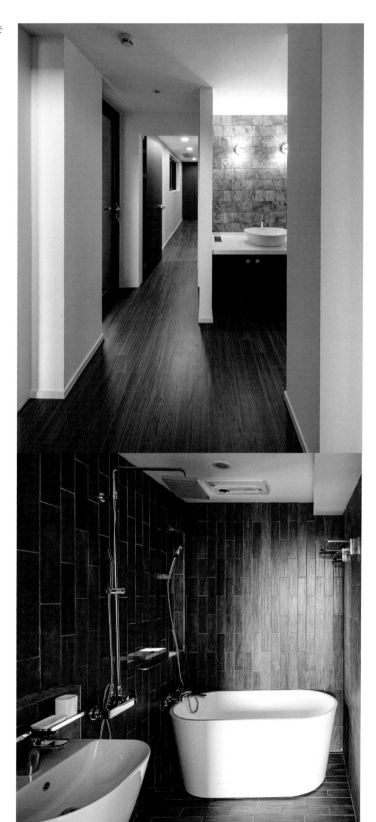

저마다의 개성이 느껴지는 다락 공간. 다락은 각종 잡동사니를 보관하는 장소뿐 아니라
아이들의 놀이터 역할을 톡톡히 해내고 있다.

또 하나의 행복, 다락 공간

<ㄱ+ㄷ자집>의 외관은 부모와 자녀 세대 사이의 통일감과 개별성이 동시에 존재할 수 있도록 '같은 재료'이지만, '다른 색채'의 자재를 선택했다. 각각 다른 색상의 모노 타일과 징크로 외부를 마감하고 자녀 세대는 진한 색상의 적삼목으로 중후한 느낌을, 부모 세대는 삼나무를 통해 따스한 느낌을 더했다.

다락에도 심혈을 기울였다. 다락은 아이들의 놀이 공간이자, 어른들에게는 조용한 쉼터 겸 잡동사니들을 보관할 수 있는 수납 장소의 역할도 해내고 있다. 자녀 세대 공간에서 가장 활용성이 높은 곳이기도 하다.

"저희 집은 안방에서 다락을 올라갈 수 있도록 설계했어요. 안방과 다락 모두 목재로 수납공간을 설치해 통일성을 줬죠. 다락에 올라가면, 어린 자녀들이 사용하는 방도 내려다볼 수 있어 걱정도 덜었어요."

반면 부모 세대의 다락은 22.73㎡(6.87평) 규모의 자녀 세대 다락보다 약 2배 큰 46.96㎡(14.20평) 규모로, 마치 하나의 방처럼 사용할 수 있는 큰 사이즈로 계획했다. 따라서 평소 잘 사용하지 않는 물건들을 마음 편히 수납할 수 있게 됐다.

자녀 세대보다 약 2배 정도 큰 사이즈로 계획한 부모 세대의 다락. 마치 하나의 방처럼 큼직하게 구성해, 시원시원한 분위기를 느낄 수 있다.

2층에서 내려다본 모습.
높은 천장고로 개방감이 느껴진다.

HOUSE PLAN

위치	경기도 김포시 운양동 1275-4
건축 구성	1호집(자녀 세대)
	지상 1층(거실, 주방, 다용도실)
	지상 2층(안방 + 드레스 룸 + 욕실 1 +
	안방 다락, 자녀 방 1, 자녀 방 2, 욕실 2,
	가족실) + 다락
	2호집(부모 세대)
	지상 1층
	(거실, 주방, 다용도실)
	지상 2층
	(안방 + 드레스 룸, 방, 가족실, 욕실) +
	다락, 옥상 정원
대지 면적	394.10㎡(119.21평)
건축 면적	196.65㎡(59.48평)
	/ 건폐율 49.86%
연면적	지상층 275.33㎡(83.28평)
	/ 용적률 69.86%
	1호집 158.99㎡(48.09평)
	2호집 116.34㎡(35.19평)
규모	지상 2층
구조	철근콘크리트구조
주차 대수	4대

배치도

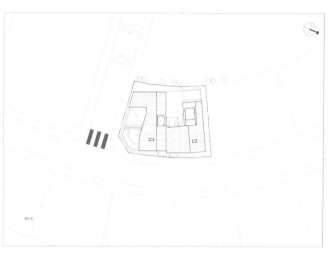

1F

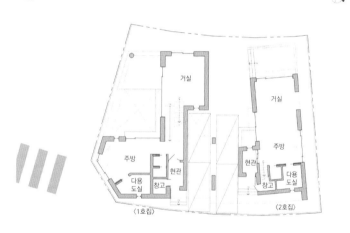

〈1호집〉　　　〈2호집〉

2F

다락

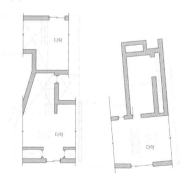

한지붕 두 가족의 추억 쌓기,
[청라동 ㄱ+ㄴ집]

WISH LIST

부모 세대

- 아파트처럼 평면적인 구조가 아닌 공간감이 느껴지는 재미 있는 구조라면 어떨지 기대가 됩니다.
- 방은 작고 거실은 넉넉했으면 좋겠습니다.
- 안방은 침실 개념으로 아늑하면서도 크기를 최소화했으면 합니다.
- 취미 공간이 필요합니다. 재봉틀 작업을 하거나 컴퓨터를 할 수 있는 공간이 있으면 하고 바랍니다. 별도의 방으로 구성되면 더 좋겠습니다. 이에 다락을 활용했으면 합니다.
- 거실의 층고가 다른 공간보다 조금 더 높길 원합니다. 거실에는 소파와 텔레비전을 배치하고 싶습니다.
- 다락은 남쪽에 위치해 있어 채광 확보가 가능했으면 합니다.

자녀 세대

- 마당은 마당답게 활용하고 싶습니다.
- 2층의 테라스 공간이 1층의 거실 및 방들의 처마 역할을 했으면 좋겠습니다.
- 반려동물인 고양이를 배려한 구조면 어떨지 상상해 봅니다.
- 부모님 공간에 편리한 계단을 구성하고 싶습니다. 계단 하부를 부모님이 창고로 활용할 수 있으면 좋겠습니다.
- 부모님네 현관 동선 및 시선과 분리됐으면 합니다. 현관 위에 처마가 있어 비나 눈이 오는 날, 우산을 펴고 접을 수 있는 공간을 확보했으면 하고 바랍니다.
- 방의 크기를 최소화했으면 좋겠고, 많은 수납공간과 넉넉한 거실 공간이 필요합니다.
- 서재 겸 아이 방으로 사용할 수 있는 다락을 원합니다.

부모님과 딸네 부부(자녀 세대)가 서로 생각을 모아 독특한 형태로 완성한 <청라동 ㄱ+ㄴ집>의 외관.
2층에 거주하는 딸네 부부를 위해, 부모님이 사는 공간에 방해가 되지 않는 선에서 2층으로 바로 오르내릴 수 있는
외부 계단을 설치했다.

함께 살고, 한곳에서 세월을 공유하는 일

세월의 흐름에 따라 사람들은 '건강한 생활'에 대해 초점을 맞추기 시작했다. 장수를 축하하기 위해 가졌던 환갑·칠순 잔치 등을 간소화할 정도로, 많은 이가 '100세 시대'에 걸맞은 삶을 영위하며 살아가고 있다. 한 번 사는 인생을 보다 행복하게 지내기 위한 움직임이 늘고 있는 것이다.

이때 행복한 삶에서 빠질 수 없는 요소가 바로 '가족'이다. 핵가족의 가속화 현상과 1인 가족 증가로 인해 독신 가구가 늘어난 것은 사실이다. 하지만 여전히 대가족을 이루며 함께 생활을 영위하고자 전원주택을 찾는 일도 증가하는 추세다. 물론 시대가 달라진 만큼 서로의 영역을 침범하지 않고, 각자의 라이프스타일을 고려한 설계가 인기를 얻고 있다.

인천광역시 서구 청라동에 위치한 <ㄱ+ㄴ집>은 따로 아파트에 거주하다, 부모 세대와 자녀 세대(딸네 부부)가 함께 거주할 목적으로 설계를 의뢰한 곳이다. 각각 다락을 제외한 사용 면적이 83.94㎡(25.39평, 1층집 기준)라는 작은 평수로 인해 여러 요소를 넣는다는 게 쉬운 일은 아니었지만, 그럼에도 두 살림집이 만나 하나의 재미있는 형태로 완성됐다.

같은 공간에서 함께 살며
세월을 공유하는 일은 가족에게
더없이 소중한 경험이다.
지금은 앞마당을 따라 심은 키 작은 나무들이
가족들과 함께한 세월만큼 자라
멋진 세월의 풍경을 만들어 낼 기세다.
시선을 가로막는 담장을 대신한 나무 담장이라니!
주택에서만 누릴 수 있는 혜택이다.

나무 소재 바닥재와 쪽문,
자연 소재를 더해 더욱 편안한 옥상은
두 세대가 공동으로 누리기에 부족함이 없다.
부모, 자녀 세대는 물론
더 많은 친지들이 한데 모여
바비큐 파티를 해도 넉넉한 공간이 탄생했다.

2층에서 바라본 외부 전경. 멀리 보이는 아파트 단지와 근처의 주택 단지가 조화를 이루며 오묘한 풍경을 자아낸다. 건축주는 획일화된 아파트 공간에서 벗어나 가족들의 라이프스타일에 맞춰 설계한 주택에 살게 된 지금, 이루 말할 수 없는 행복을 느낀다고.

가족의 추억이 차곡차곡 쌓이는 마당과 테라스

이곳은 ㄱ자 매스와 ㄴ자가 서로 겹쳐져 있는 형태를 띠고 있다. 두 매스
가 만나면서 생긴 1층 하부의 필로티 공간과 2층 테라스는 각각 야외 식
당과 2층 마당으로 계획해 3면의 우수한 경관을 모두 만끽할 수 있도록
만들었다.

이러한 요소는 건축주가 바라던 이상향이기도 했다.

"단조롭지 않은 형태의 재미있는 공간에서 살길 바랐어요. 아파트처럼 평
면적인 구조가 아닌, 공간감이 느껴졌으면 했죠. 또한 '따로 또 같이' 있는
장소로 만들어지길 원했습니다. 부모님의 공간에 방해가 되지 않으면서
도, 같이 사용할 수 있는 소통형 마당이 중요했죠."

따라서 우리는 1, 2층에 출입구를 달리 내, 프라이버시를 확보하고 메인
도로와 구분되면서도 쉽게 가족끼리 공유할 수 있는 중정형의 넓은 소통
형 마당을 구성했다. 이어 남향 배치를 통해 채광을 확보하고 2층의 경우
에는 테라스를 적극적으로 활용했다. 1층 마당의 경우 남쪽으로 한 면을
오픈하고, 2층 마당은 동쪽과 남쪽을 같이 개방해 확장감을 부여했다.

"마당과 테라스는 저희 집에서 없어서는 안 될 중요한 요소 중 하나예요.
주변 경관을 즐기는 데도 좋지만, 아이들이 마음껏 뛰어놀 수 있는 놀이
터의 역할도 톡톡히 해내고 있죠. 내부와 외부의 연결로 인해 생겨난 재
미있는 공간이라는 점이 몸에 와 닿았어요."

외부와 2층 딸네 부부의
공간을 잇는 계단.

2층에서 내려다본 마당. 1층은 부모님이 사는 공간으로 마당을 충분히 활용할 수 있는 매력이 있다.

多樂이 있는 다락

아담한 평수를 고려해 세대별 다락에도 심혈을 기울였다.
이에 각각의 라이프스타일에 따른 공간으로 꾸민 것이 특징
이다. 특히 딸네는 2층에 위치한 각 방의 공간을 최소화하는
대신 넉넉한 다락을 원했다. 또한 다락을 두 개의 독립적 공
간으로 나눠 부부의 취미 공간으로 활용하고 싶어 했다.
"부모님과 저희 집 모두 내부는 비슷하지만, 다락에서는 차
이점을 느낄 수 있어요. 저희 집 다락은 동향 위주로 천창이
돼 있어 조망 확보에 용이한 편이고, 부모님네 다락은 남쪽
으로 위치해 있어 밝은 채광 확보가 가능하죠. 이에 저희 집
은 현재 서재로 사용하고 있는데, 나중에 생길 둘째 방으로
도 생각하고 있어요. 부모님네 경우에는 어머니가 재봉틀
작업을 하실 수 있는 곳으로 활용 중이죠."
아울러 각 다락은 기존 매스와 어긋난 배치로 조형미를 가
미했다. 이곳에 쓰인 목재는 따듯한 질감을 통해 전체적인
외관을 포근하게 만들어 준다.

<청라동 ㄱ+ㄴ 집> 다락은 각각의 매력이 다르다. 남쪽에 위치한 부모님 집 다락은 어머니의 작업 공간으로, 딸네 다락은 서재 겸 방으로 활용하고 있다.

주방에서 바라본 2층 거실.
테라스와 연결돼 있어 활용도가 높은 편이다.

목재의 따스한 질감을 살린 2층 주방. 상부장을 없애고 선반을 설치해 모던한 분위기를 연출했다.

2층 딸네 거실에서 다락으로 올라가는 계단. 계단 한쪽을 수납장으로 꾸몄다.

요즘 트렌드에 맞춰 간소하게 꾸민 침실.
화이트와 나무로 조화를 이룬 공간이
마음을 평온하게 만든다.

HOUSE PLAN

위치	인천광역시 서구 청라동 109-16
건축 구성	1층집(부모 세대)
	거실, 주방, 다용도실, 안방, 자녀 방, 욕실 + 다락
	2층집(자녀 세대)
	거실, 주방, 다용도실, 안방, 드레스 룸, 자녀 방, 욕실 + 다락
대지 면적	292.00㎡(88.33평)
건축 면적	141.79㎡(42.89평) / 건폐율 48.56%
연면적	지상층 168.33㎡(50.91평) / 용적률 57.65%
	1층집 83.94㎡(25.39평)
	2층집 84.39㎡(25.52평)
규모	지상 2층
구조	철근콘크리트구조
주차 대수	2대

배치도

1F

2F

다락

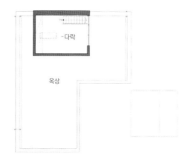

공유 마당집 지을 때 참고합니다!

1. 토지의 균등한 나눔을 생각하라

(등기상 지분 분리의 개념을 생각하라)

두 세대가 좌우로 동일한 조건으로 거주하는 듀플렉스의 경우에는 서로 섞이지 않고 독립적으로 양분하는 것이 키포인트다. 따라서 토지 및 건축물이 균등한 조건이 되도록 하는 것이 중요하다. 특히 분양할 경우 토지의 가상 경계를 기준으로 두 집을 합벽으로 짓는 것이 추후 서로의 다툼이 없게 될 확률이 높다.

〈김포 한강 하니카운티〉. 좌우를 기준으로 토지 및 건물이 균등하게 나눠져 있다.

2. 인접한 두 세대가 간섭받지 않게 하라

두 세대가 서로 인접해 있으므로 마당을 사용할 때 시선의 간섭이 없도록 처음부터 계획하는 것이 좋다. 토지의 조건이 가능하다면 여러 배치 형태의 듀플렉스를 고려해 서로 방해받지 않도록 배려하는 것이 중요하다. 마당의 위치를 안쪽으로 품는 배치는 이러한 불편을 극복하는 좋은 방법이다.

〈울산 ㄱ자집〉. 좌우를 기준으로 ㄱ자 집이 돼 각자의 마당과 생활을 간섭 받지 않는다.

3. 관계에 따라 세대를 나누는 방식이 다양하다

두 세대가 가족이나 친구인 경우 다양한 방식으로 세대를 구성할 수 있다. 서로 협의를 통해 공유 공간을 더욱더 좋게 만들 수 있다. 아래위로 일부는 겹쳐서 집을 구성할 수도 있고, 나눠진 마당을 공유하면서 크게 사용할 수도 있다. 이 경우 진입이나 내부 생활은 개별성을 확보하고 외부 마당을 공유하면서 보다 쾌적한 주거 환경을 만들 수 있다. 가족 간의 커뮤니티가 더욱 활성화되는 것이다.

〈김포 두 자매 집〉은 두 자매가 함께하는 듀플렉스로, 공유 마당을 크게 사용하고 있다.

4. 작은 대지의 주차장 활용성을 고려하라

필지를 나눠 사용하는 주택이기에 마당이 주차장이 되기도 한다. 따라서 마당의 활용성을 고려해 계획하는 것이 유리하다. 이 경우 처음부터 마당의 크기를 차량과 어울리는 크기로 설계하는 게 좋다.

또한 마당의 기능이 주차 기능과 겹쳐지는 경우, 마당의 주차 영역은 차량을 고려해 바닥 마감재를 선택해야 한다. 수돗가를 가까이 둔다면 차량의 세차나 조경 관리에 편리할 수 있다. 가능하면 내부에서 시선이 가리지 않는 위치에 주차를 고려해 여러 기능에 불편을 주지 않게끔 배치하는 것이 중요하다.

5. 거실의 위치가 꼭 1층일 필요는 없다

듀플렉스의 경우 한 개 층의 단위 면적이 작을 때는 1층에 거실과 주방을 모두 넣어 좁게 계획할 필요가 없다. 조망이나 채광에 유리하다면 거실이 2층에 위치할 수도 있고, 계획에 따라 2층에 거실, 주방이 있을 수 있다. 1층에 부엌과 식당이 있을 경우 식당을 응접 기능과 함께 고려하면, 손님 방문 시 식당에서 마당과 함께 응접할 수 있어 좋은 효과를 볼 수 있다. 이 경우 거실은 온전히 가족들만의 공간이 되는 장점이 있다. 또한 부엌에서 음식을 만들고 있을 경우 손님을 2층으로 바로 모실 수 있기에 여러 상황에 대응할 수 있는 배치로 사랑받고 있다.

〈김포 하니카운티〉단면도. 이곳은 1층에 부엌과 식당이 마당과 연계하여 배치돼 있고, 2층에 거실이 놓여 있다. 2층은 채광과 조망에서 유리한 위치가 된다.

6. 전면 도로에 면한 필지의 가로세로 비례에 따라 마당의 위치는 다양할 수 있다

듀플렉스의 마당 위치는 다양할 수 있다. 전면 도로에 면한 필지의 크기나 가로세로의 비례에 맞춰, 전면·중정·후면 마당 등 채광과 조망을 따진 여러 마당의 구성이 가능하다. 전면 도로에 접한 필지의 폭이 좁은 경우 남향의 조건에 따라 전면 마당이나 중정형 마당이 가능할 수 있다. 전면 도로에 접한 필지의 폭이 넓은 경우는 두 세대가 각기 독립된 두 마당을 안는 방식으로 마당의 위치를 계획할 수 있다.

전면 도로에 접한 필지의 폭이 좁고, 긴 필지의 경우로 중정형과 후면 안마당이 배치돼 있다.

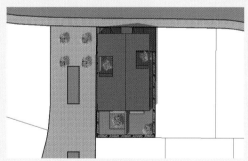

〈김포 중정형 듀플렉스〉이미지. 전면 도로에 접한 필지 폭이 좁아 중정형 듀플렉스로 계획했다.

〈김포 중정형 듀플렉스〉의 도로 쪽 전경. 중정이 중첩돼 보이고 있다.

전면 도로에 접한 필지의 폭이 넓은 경우로, ㄲ자집으로 배치해 독립된 두 마당이 탄생했다.

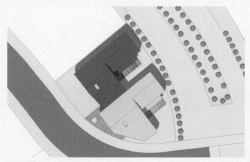

〈김포 ㄲ자집〉의 이미지. 전면 도로에 접한 필지 폭이 넓어 ㄲ자집으로 배치했다.

〈김포 ㄲ자집〉은 독립된 두 마당을 갖고 있다.

손 뻗으면 하늘에 닿을 옥상에서
마당을 즐기는 법

상가 주택은 거주와 수익을 동시에 누리는 주거 유형으로 많은 인기를 끌고 있다.

하지만 자칫 수익성만을 강조하면 건축주 주택의 주거성은 열악해질 우려가 있다.

따라서 건축주 주택의 거주성을 충족시키기 위한 상층부 단독 주택 마당집은

좋은 대안이 될 수 있다. 이 경우 건축주 주택이 어느 층을 쓸 것인가에 따라,

마당을 만든다는 전제하에 계단실의 위치가 중요한 요소로 대두된다.

계단실은 하부층 임대 세대의 구성에도 영향을 주기 때문에 복합적인 고려가 필요하다.

또한 상가 주택의 마당은 내부 사용 면적의 일부를 할애하더라도,

최소한의 마당이라도 만드는 것이 좋다. 마당이 주는 효과는 우리의 생각보다

훨씬 많기 때문이다. 특히 테라스 마당의 경우 대지의 용적률을 잃지 않는 것을

고려해야만 건축주의 입장에서 면적 활용을 최대화할 수 있다.

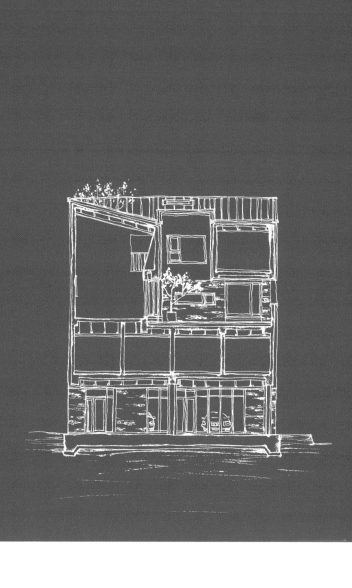

三色 마당, [화정동 삼각집]

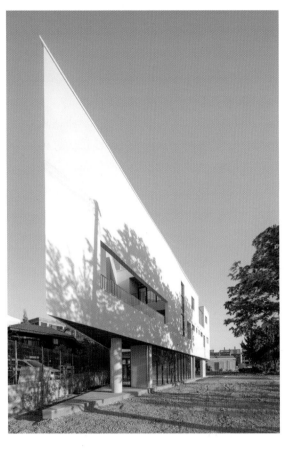

WISH LIST

공통

- 북유럽풍 스타일의 집을 원합니다. 자연스럽고 깨끗한 느낌이 들었으면 좋겠습니다.
- 북 카페 스타일의 거실과 주방을 바랍니다.
- 높은 층고를 통해 개방감이 느껴졌으면 합니다.
- 빛이 많이 들어오는 밝은 집을 원합니다.
- 청소가 쉽고 깨끗하며 넓은 욕실이었으면 하고 바랍니다.
- 욕실, 세탁실, 여럿이 사용 가능한 세면대가 필요합니다.
- 가족이 대화하며 여유롭게 쉴 수 있는 데크를 원합니다.
- 각 층에서 저마다의 풍경을 즐길 수 있는 마당이 있었으면 좋겠습니다.

자녀

- 비밀스러운 공간이 있었으면 좋겠습니다.
- 놀이 공간으로 즐길 수 있는 다락을 원합니다.
- 서로의 방을 연결할 수 있는 비밀 통로를 상상해 봅니다.
- 활동적으로 놀 수 있는 미로가 필요합니다.
- 밤하늘의 별을 볼 수 있도록 천창이 있었으면 합니다.

<화정동 삼각집>은 삼각형의 필지를 그대로 살려 기하학적 형태로 설계한 것이
특징이다. 1층은 근린 생활 시설, 2층에는 원룸/투룸과 같은 임대 공간,
건축주 세대를 위한 주거 공간은 3층에 마련했다.

삼각과 사각의 결합

경기도 고양시 화정동에 위치한 삼각집은 403.00㎡(121.90평) 대
지의 비교적 넓은 공간에 지어진 3층 규모의 층과 다락으로 이뤄
진 곳이다. 원래 200평으로 컸던 대지인데, 규모와 예산을 고려해
건축에 필요한 만큼만 사용하기로 결정했다.

이곳은 옆에서 보면 30m 앞에 위치한 전면 도로의 소음을 차단하
면서도 도로 너머의 풍경을 즐길 수 있는 직사각의 형태를 띤다.
반면 앞쪽은 속도감이 느껴지는 기하학적 이미지의 삼각 형태를
하고 있으며, 각 층에서 저마다의 마당을 즐길 수 있도록 설계해
실용성을 더했다.

한편 삼각형의 필지는 모양 그대로 삼각형의 기하학적 형태가 된
다. 이러한 기하학 형태를 사각의 실들로 채우면서 생기는 실과 틀
의 사이는 공간의 깊이를 더한다. 또한 사이 공간으로 생기는 삼각
형 틀의 벽체는 내부에서 외부를 바라보는 프레임을 만든다.

3층에 있는 건축주 세대는 조망과 채광 등 다양한 환경적 요소가 일상 곳곳에 스며들도록 테라스 마당집으로 계획했다.

경쟁력 있는 임대 주택을 위해
테라스 마당을 마련한 점이 눈길을 끈다.

임대 세대와 동시에 누리는 깊이감 있는 마당집

<화정동 삼각집>은 1층 근린 생활 시설, 2층 원룸/투룸의 임대 공간, 3층 다락이 있는 건축주 세대로 계획됐다. 따라서 주 출입구는 1층 근린 생활 시설의 진입부와 상층부 진입을 위한 계단실로 나눴다.

아울러 상가 주택에서 빼놓을 수 없는 임대 공간에도 심혈을 기울였는데, 2층에 위치한 총 4개의 대형 공간은 실 면적을 최대한 확보할 수 있는 방식으로 꾸몄다. 건축주와 우리가 무엇보다 바랐던 점은 <삼각집>에서만 누릴 수 있는 혜택이었다. 이 점은 건축주 부부가 가장 만족하는 부분이다.

"층마다 마당을 전부 활용할 수 있다는 것과 각 마당의 깊이감이 삼각집의 특징이죠. 필지의 크기에 비해 용적률에 여유가 있어 세입자들에게 보다 좋은 환경을 제공하고 싶었어요. 특히 임대 세대에 있는 마당에서는 세입자들이 짧은 시간이나마 함께 담소를 나누며 공간의 깊이감을 느꼈으면 하고 바랐죠."

근린 생활 시설이 위치한 1층도 마당의 이로움을 얻기에 충분하도록 배려했다. 통유리를 통해 채광과 조망을 동시에 확보한 이곳은 주차장 쪽에 놓인 마당 덕분에 방문객들의 쉼터로 자리매김했다.

거실과 같은 바닥 높이로 연계되는 마당. 이곳을 통해 주변 환경과 소통하고 계단을 통해 옥상으로 올라갈 수 있다.

북 카페 스타일의 거실을 원했던 건축주 부부를 위해 큰 책장 및 대청과 같은 공간을 설치해
<화정동 삼각집>만의 도서관을 완성했다.

별 하나에 추억을 셀 수 있는 다락.

<삼각집>의 특별한 키포인트

여러 개의 마당 중 단연 눈길을 끄는 곳은 건축주 세대에 위치한 마당이다. 건축주 주택의 거실과 연계된 마당은 내외부를 잇는 동선의 역할을 톡톡히 해내며 공간에 풍부함을 더한다. 아울러 '책'과 '수납공간'에도 집중했다. 대부분의 가정에서 골머리를 앓는 요소 중 하나가 부족한 수납이다. 때문에 주택을 지을 경우 처음 설계 때부터 수납 문제를 해결하는 데 많은 노력을 기울이곤 한다.

<화정동 삼각집>은 건축주 가족에게 책이 많다는 것을 감안해 거실에 큰 책장을 설치함으로써 수납의 용이성을 확보했다.

"북 카페 스타일의 거실과 주방을 위해 소파와 텔레비전을 대신할 수 있는 무언가가 있었으면 했어요. 그렇다 보니 큰 책장에 이은 대청처럼 올라온 마루를 떠올렸죠. 이곳에 앉아 책을 읽으며 바라보는 바깥 풍경이 그렇게 멋있을 수가 없답니다. 덕분에 따로 강요하지 않았는데도, 아이들이 독서를 가장 좋은 취미로 삼게 됐어요."

자녀들의 소망이었던 다락에도 심혈을 기울였다. 우리는 두 아이가 서로의 방을 드나들 수 있도록 다락에 비밀 통로를 만들고 밤하늘의 별을 관측할 수 있는 천창을 설치했다. 이로써 아이들은, 주택의 다락에서만 즐길 수 있는 '눈으로 바라본 별'을 마음속에 새기게 되었다.

직사각형의 긴 창을 통해 복도와 계단실 내부 곳곳에 채광을 확보한 <화정동 삼각집>. 주변 풍경을 보는 재미도 더했다.

HOUSE PLAN

위치 경기도 고양시 덕양구 화정동 690

건축 구성 지상 1층 : 근린 생활 시설, 주차장

지상 2층 : 임대 세대(원룸 3세대, 투룸 1세대)

지상 3층 : 건축주 주택

(거실, 주방, 다용도실, 안방 + 드레스 룸 +

욕실 1, 자녀 방 1+ 다락, 자녀 방 2 + 다락)

대지 면적 403.00㎡(121.90평)

건축 면적 224.73㎡(67.98평) / 건폐율 55.76%

연면적 지상층 437.56㎡(132.36평) / 용적률 108.58%

규모 지상 3층

구조 철근콘크리트구조

주차 대수 6대

배치도

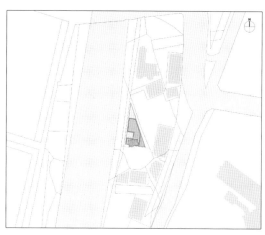

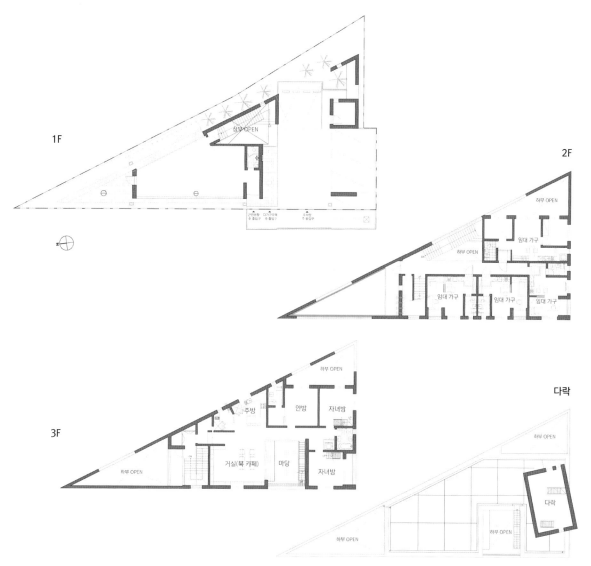

1F

2F

3F

다락

마당을 읽고, 책 위에서 뛰노는
[통영 도마집]

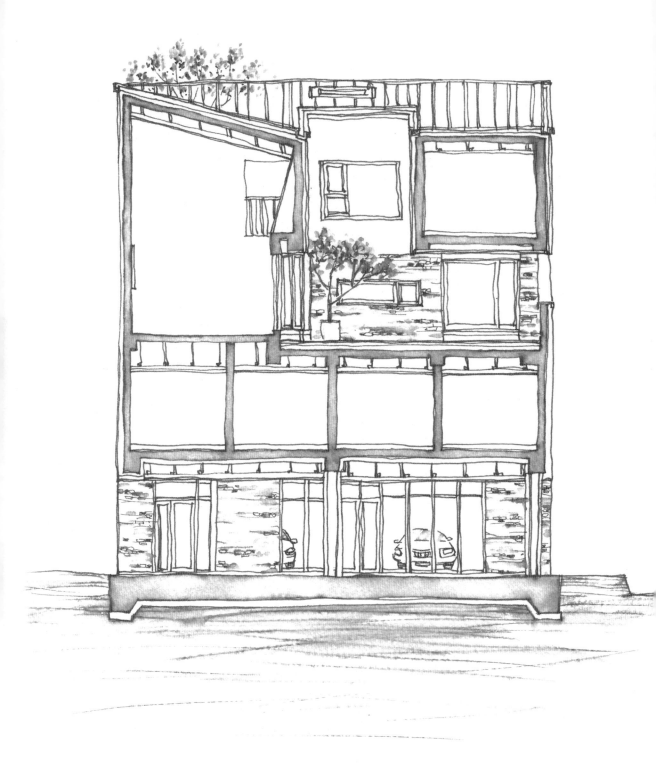

WISH LIST

남편

• 아이들은 놀이 장소, 어른들은 바비큐 파티를 즐기거나 차를 마실 수 있는 넓은 마당과 데크가 있었으면 좋겠습니다.

• 남측으로 햇볕이 내리쬐는 거실 겸 주방을 원합니다. 온 가족이 모여 다양한 활동을 할 수 있는 대형 식탁을 배치할 수 있는 주방이었으면 합니다.

• 부부 침실은 넉넉한 드레스 룸과 월풀 욕조, 샤워 부스, 별개의 욕실이 있었으면 하고 바랍니다.

• 아이들을 위한 놀이 공간은 다락 등과 조화를 이뤄 역동적인 남자아이들이 에너지를 발산할 수 있도록 구성했으면 좋겠습니다.

아내

• 햇볕이 잘 들고 바람이 잘 통했으면 합니다.

• 주방과 거실에서 집안일을 하다가 고개를 돌리면, 밖에서 놀고 있는 아이들을 볼 수 있으면 좋겠습니다.

• 거실이나 주방에서 나가면 작은 정원이나 마당 혹은 공간이 있어서 아이들이 놀 수 있었으면 합니다.

• 햇살 좋은 날, 설거지를 끝내고 커피잔을 든 채로 밖에 나갈 수 있다면 얼마나 행복할까요. 멋진 공간이나 의자가 아니어도 앉을 수 있는 공간이 있었으면 합니다.

• 온 가족이 즐길 수 있는 가족 도서관이 있었으면 좋겠습니다.

자녀

• 우리가 놀 수 있는 넓고 따뜻한 방이었으면 좋겠습니다.

• 안전하고 위험한 곳이 없는 집이었으면 합니다.

• 우리만의 정원과 우리가 놀 수 있는 마당을 원합니다.

• 창문이 많고 따뜻한 집이길 바랍니다.

'도서관을 품은 마당집'인 <도마집>은 꾸준한 수익을 올릴 수 있도록 1층에는 작은 상가를,
2층에는 임대 세대를, 3층과 4층은 복층으로 사용할 수 있는 건축주 세대로 꾸민 것이 특징이다.

디테일에 대한 집념이 완벽한 주택을 만든다

좋은 질문은 좋은 답을 이끌어 낸다. 그리고 좋은 질문은 세심한 관찰과 통찰에서 비롯된다. 건축 또한 그렇다. 건축의 답은 건축주에게 있다. 좋은 주택은 건축주가 살면서 느껴 온 의문과 불편을 해소하고 보다 나은 삶의 방향을 제시해 준다.

그 말인즉슨, 건축주가 자신이 원하는 바를 정확히 알지 못하면 마음에 드는 주택은 탄생하지 않는다는 뜻이다. 때문에 주택을 지을 예비 건축주들은 오랜 시간을 들여서라도 내면의 목소리에 귀를 기울여야 한다. 집이란 24시간 생활하는 곳이기에 디테일한 요소까지 고려한 후, 건축가에게 의견을 제시하는 편이 좋다. 훗날 생활에 큰 불편함을 주는 요인의 과반수는 '이 정도면 괜찮겠지' 하고 넘어간 부분들이다.

이러한 문제를 방지하기 위해 우리는 건축사사무소를 찾는 이들에게 '숙제'를 내곤 한다. 바로 가족 개개인이 작성해야 하는 설문지다. 서로에게 관여하지 않고 각자가 원하는 집을 이야기해 달라고 요청하는 이 숙제는, 건축주 가족의 사소한 부분까지 알 수 있어 설계 시 큰 도움을 준다.

<통영 도마집>의 건축주는 이 숙제에 진지하게 임해 주었다. 덕분에 우리도 주택이 나아갈 방향을 확고히 정할 수 있었다. 책을 좋아하는 가족을 위한, '도서관을 품은 마당집'을 줄여 이름 지은 <도마집>. 건축주의 로망과 수익 구조까지 고려한 상가 주택은 그렇게 탄생했다.

탁 트인 전망을 자랑하는 마당 공간. 안전한 난간을 설치해 어린 자녀들이 마음껏 풍경을
감상할 수 있도록 만들었다.

넓은 마당이 있는 상가 주택에서 사는 법

<통영 도마집>은 통영에서 초등학교 선생님으로 재직 중인 부부가 세 아이를 위해 의뢰한 상가 주택이다. 아파트에 거주할 당시 층간 소음으로 큰 불편함을 겪었던 부부는 자녀들을 위한 재미있는 놀이터를 만들어 주고 싶어 했다.

건축주가 소유하고 있던 대지는 200평으로, 북쪽으로 작은 공원과 인접해 있었다. 넉넉하지 못한 예산으로 인해 100평을 필지 분할한 후, 공원 쪽 필지에 비용이 맞는 상가 주택을 짓기로 했다. 총 4개 층으로 구성된 <도마집>은 1층에 작은 상가를 뒀으며, 2층에는 임대 소득을 위한 원룸 4실과 투룸 1세대를, 건축주 세대는 3, 4층을 복층으로 사용할 수 있도록 설계했다. 한편 건축주는 3, 4층 건물에 살면서도 단독 주택 같은 집을 원했다.

"넓은 마당에 데크가 있는 집을 원했죠. 아이들은 마음껏 뛰어놀 수 있고 어른들은 바비큐 파티를 하거나 차를 마실 수 있는 공간이 있었으면 했어요. 거실이나 주방에서 나가면 작은 정원이나 마당이 있어 햇살 좋은 날 설거지를 끝내고 커피 한잔하러 밖으로 나갈 수 있게요."

건축주의 바람대로 <도마집>은 3층 컴퓨터실과 거실에서 연결되는 메인 마당과 3층 놀이방과 연계된 놀이마당, 그리고 4층의 자녀 방과 연결된 하늘 마당을 갖게 됐다.

"아이들이 가장 좋아하는 장소는 놀이마당이에요. 3층 놀이방과 붙어 있어 주방 쪽에서도 접근이 가능하죠. 덕분에 놀이마당에서 놀고 있는 아이들을 주방에서도 늘 지켜볼 수 있어 안심할 수 있어요."

다양한 외부 공간을 통해 활용성을 높인 <통영 도마집>.

문 하나만 열면 쉽게 외부 공간과 만날 수 있는 것이 이곳의 장점 중 하나다.

3층에 위치한 마당은 가족 놀이터로 적극 활용 중이다.

복층으로 설계해 개방감이
느껴지는 내부. 아이들에게
주택은 놀이 공간이다.

4층 가족실 지붕에 매달린 작은 다락.
아이들의 아지트다.

아이들의 꿈이 자라나는 공간

부부는 마당뿐만 아니라 도서관을 연상시키는 내부에도 심혈을 기울였다. 그들이 원하는 집은 아이를 비롯한 모든 가족이 언제나 책을 가까이할 수 있는 공간이었다. 이를 위해 우리는 중심부에 가족 도서관을 배치했다. 폭이 넓은 계단을 중심에 두고 책장으로 구획한 도서관은 위층의 가족실과 이어져 두 개 층의 작은 가족 도서관으로 형성됐다.

더불어 층간 소음 걱정 없이 마음껏 주택 내외부를 드나들 수 있도록 아이들을 위한 공간에도 신경 썼다. 4층 가족실 지붕에 매달린 작은 다락집이 그중 하나다. "다락은 아이들의 아지트예요. 조립식 장난감을 워낙 좋아해 이 물품들을 둘 수 있는 전시 공간을 만들었더니, 오히려 예전보다 더 정리도 잘하는 것 같아요. 우리 부부는 이곳이 단순한 주택으로 끝나는 것이 아니라, 놀이와 공부가 어우러지는 추억의 장소가 되길 바랍니다."

건축주 부부는 이곳이 단순한 주택이 아닌, 놀이와 공부가 어우러지는 추억의 장소가 되길 바랐다.

TV나 빔 프로젝터를 설치할 수 있게
구성한 벽면과 많은 잡동사니를
보관하도록 큼직하게 만든
수납장들.

꿈과 희망의 상징, 다락.

장난감 진열장과 다락으로 오를 수 있는
계단만 보아도 즐거워할 아이들의
웃음소리가 귀에 선명하다.

HOUSE PLAN

위치	경상남도 통영시 광도면 죽림리
건축 구성	지상 1층 : 근린 생활 시설, 주차장
	지상 2층 : 임대 세대(원룸 4세대, 투룸 1세대)
	지상 3, 4층 : 건축주 주택
	3층(거실, 주방, 다용도실, 놀이방, 욕실 1)
	4층(안방 + 드레스 룸 + 욕실 2, 자녀 방,
	가족실, 욕실 3 + 다락)
대지 면적	340.00㎡(102.85평)
건축 면적	169.17㎡(51.17평) / 건폐율 49.76%
연면적	419.01㎡(126.75평) / 용적률 123.34%
규모	지상 4층
구조	철근콘크리트구조
주차 대수	7대

배치도

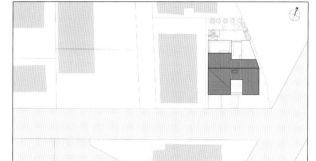

1F

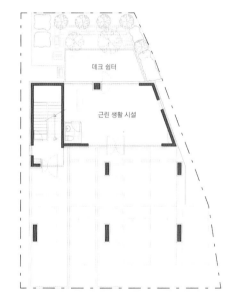

2F

3F

4F

다락

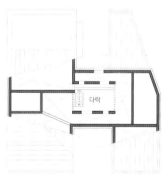

상가 주택 마당집 지을 때 참고합니다!

1. 상층부 마당집을 고려해 계단의 동선 방식을 정하라

상가 주택의 경우 아래층은 임대 주택으로, 위층은 건축주 주택으로 사용하는 경우가 많다. 따라서 일반적인 수직 계단으로는 풀리지 않는 사례가 발생하기 마련이다. 이에 계단을 다양하게 조성하는 등 아래위층의 세대 구성에 유리한 설계가 수반돼야 한다. 향과 조망의 방향이 서로 다른 경우도 계단의 동선 위치나 방식을 고려해 계획하면 두 가지 장점을 모두 살리면서 개성 있는 집이 될 수 있다.

2. 내부 실과 연계된 마당은 실의 공간감을 풍부하게 한다

상가 주택에서는 용적률을 최대한 확보하는 것도 중요하다. 하지만 내부 실과 연계된 적절한 비율의 마당을 두면 단독 주택과 동일한 공간감을 만들 수 있다. 내부 사용 면적의 일부를 할애하더라도 마당이 주는 많은 혜택을 고려하여 최소한의 마당을 만들도록 한다. 채광과 환기뿐 아니라 시간과 날씨에 따라 다양한 공간감이 연출되기 때문이다. 또한 내부 기능은 외부 마당과 연계돼 유연한 활용이 가능할 것이다.

〈보문동 계단집〉. 이곳은 조망이 있는 북쪽으로 오픈형 계단을 입면화해 개성을 살리고 있다.

〈안양동 붉은 벽돌집〉 3층 거실 전경. 임대 세대의 거실 전경으로 마당을 통해 조망과 채광이 동시에 구현되고 있다.

북쪽 오픈형 계단으로 채광을 확보한 〈보문동 계단집〉 남쪽 마당의 전경.

〈화정동 삼각집〉 2층 거실의 모습. 이곳은 임대 세대지만, 거실과 연계된 긴 테라스가 주변 풍경을 담아낼 뿐 아니라 거주자에게 쉼터가 돼 준다.

3. 자연 채광이 잘 되는 홑집이 좋다

상가 주택의 모든 세대가 홑집이 되기는 힘들다. 상층부의 건축주 주택이라도 아파트와 같은 중복 도형의 겹집보다는 마당을 통해 자연 채광과 환기가 용이한 홑집으로 계획하는 것이 좋다. 홑집은 한옥과 같은 배치로 각 실이 외기를 2면 이상 만나게 돼 창을 양쪽으로 두면 환기나 채광에서 좋은 환경을 만들 수 있다.

〈안동 깊게 파인 집〉의 건축주 주택 거실 모습. 이곳은 가운데 중정을 중심으로 홑집을 만들어 각 실이 앞뒤로 외기를 만나, 채광과 환기에 유리하다.

가운데 중정을 둔 〈안동 깊게 파인 집〉 건축주 주택의 홑집 평면도.

4. 건축주의 마당집이 맨 위층일 필요는 없다

건축주 주택의 사용 면적이 작을 경우 건축주가 맨 위층에 올라갈 필요는 없다. 오히려 적절한 중간층을 사용하고 맨 위층에 임대 세대를 배치해 다락과 함께 구성하면 경쟁력 있는 임대 세대가 된다.

〈양주 마당집〉의 모습. 건축주 주택은 3층에 마당집을 배치하고, 4층과 다락을 임대 세대에 할애해 높은 수익률을 내고 있다.

〈양주 마당집〉 3층 건축주 주택 거실에서 바라본 마당 전경.

5. 마당 하층부 세대는 천장 부분에 단열을 꼼꼼히 해 결로에 대비하라

상층부에 마당이나 테라스가 생길 경우 하부 세대의 천장 부분은 단열에 신경 써야 한다. 특히 테라스 부위 면적을 기준으로 1m 정도는 더 연장해 단열해야만 결로 발생을 막을 수 있다. 단열의 경우 준공 후에 하자가 나면 비용이나 피해가 크기 때문에 마감하기 전에 미리 체크하는 방식으로 관리해야 한다.

6. 북측 일조 사선으로 생기는 북쪽 테라스를 활용하라

도심의 경우 제1종, 제2종 일반 주거 지역은 북측 일
조 사선으로 인해 4층부터 북쪽에 테라스가 생긴다.
테라스를 불법으로 막아서 집칸으로 사용하는 것보
다는 테라스를 실들과 연계해 내외부가 확장된 방식
으로 공간을 활용하는 것이 좋다. 생각보다 다양하
고 풍부하게 자연을 체험할 수 있기 때문이다.

〈목동 파노라마 주택〉. 주변 풍경을 담아내고 있는 북쪽 테라스 전경이
눈길을 끈다.

〈목동 파노라마 주택〉은 북쪽 테라스를 캠프파이어가 가능한 힐링 마
당으로 사용하고 있다.

식물들을 가꿔 작은 정원처럼 즐기고 있는 북쪽 테라스 전경.

2

삶을 바꾸는 작은 움직임들

지금 우리에게
마당이
꼭 필요한 이유

마당과 라이프스타일

마당과 어우러진 삶의 모습에는 어떤 것이 있을까?

우리의 마당은 단순한 감상 공간이 아닌,

다양한 생활을 영위할 수 있는 공간이거나 삶의 요구 조건을 풀어 가는 열쇠다.

'마당과 라이프스타일' 파트에서는 마당이 건축주들의 삶의 방식을

풀어 가는 모습을 살펴보고자 한다.

신가족 풍속도, '다 같이 산다'

부모 세대 & 자녀 세대, 층으로 분리되어
따로 또 같이 사는 마당집

부모 세대와 자녀 세대가 출입구를 달리하고 층
으로 분리하는 경우도 있다. 이럴 때는 두 세대의
다가구 주택이 된다. 각 세대가 출입구나 층으로
분리되기에 각자의 라이프스타일을 반영해 설계
를 할 수 있다.

1층은 마당의 장점을 살리고, 2층은 테라스 마당
이나 다락의 장점을 살리는 설계가 가능하다. 각
세대의 마당은 독립된 공간이면서도 1, 2층이 입
체적으로 소통할 수 있어 더욱 풍부한 삶의 변화
를 끌어낸다.

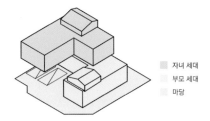

■ 자녀 세대
■ 부모 세대
■ 마당

부모 세대와 자녀 세대가 층으로 분리된 마당집.

입구와 마당을 분리해 각자의 프라이버시를 확보한〈청라동 ㄱ+ㄴ집〉.

1층 마당은 남쪽으로 한 면을 오픈, 2층 마당은 동쪽과 남쪽을 함께
개방해 확장감을 부여한 것이 특징이다.

균등하게 분리된 토지에서 형제들이
이웃하여 사는 듀플렉스 마당집

요즘 주택의 변화에서 가장 큰 특징은 결혼해서 분가한 가족들이 다시 모여 한지붕 아래 마당집을 짓고 사는 것이다. 이는 여러 사회 문제(육아, 고령화 문제 등)를 해결하기 위한 수단이자 부족한 자금을 공동 부담하기 위한 선택이다.

이러한 경우, 마당은 주택의 모습과 삶의 방향을 계획하는 데 큰 영향을 미친다. 세대를 나누거나 연계하는 공동의 멀티 공간으로 사용할 수도 있고, 내부 공간을 확장해 주는 외부 공간이기에 예산으로 인한 규모의 한계를 극복하는 데도 도움을 준다. 이때 여러 세대가 같이 모여 살 경우 어떻게 영역을 구분해 살 것인가가 중요하다. 일반적으로 떠올리곤 하는 주택 형태는 한 필지에서 땅을 반으로 나누고 합벽으로 집을 짓는 듀플렉스다. 이 경우 서로의 영역이 명확히 구분돼 나중에라도 등기부상에서의 분리나 처분이 쉽다.

울산 약사동의 <ㄲ자집>과 <김포 두 자매 집>처럼 형제가 이웃해 각자의 마당을 둔 듀플렉스가 이 같은 사례다.

 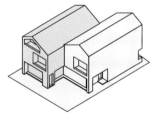

분리된 마당집으로 형제들이 이웃하여 사는 〈울산 ㄲ자집〉과 〈김포 두 자매 집〉.

넓은 폭을 활용해 ㄲ자집의 형태로 남쪽에 마당을 둔 〈울산 ㄲ자집〉. 이러한 듀플렉스 형태는 적은 예산으로도 각각의 프라이빗한 마당을 누릴 수 있다.

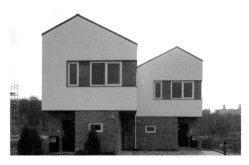

〈김포 두 자매 집〉은 공동으로 사용하는 큰 마당을 둔 것이 특징이다. 자금을 공동 부담하기 위해 자매가 한지붕 아래 함께 모인 경우로, 여러 장점이 있다.

3대, 마당과 부엌을 공유하며
자녀 세대와 한집에 모여 살기

땅이 크지 않고 예산의 한계가 있어 분리해 살기 힘든 경우에는 한집에서 모여 사는 마당집을 생각해야 한다. 이 경우 마당과 취사 영역은 공유하면서 서로의 침실 영역은 최대한 보호 받을 수 있게끔 계획하는 것이 중요하다.

이러한 주택은 대개 부모 세대, 자녀 세대, 손자 등 3대가 같이 사는 큰 집이 된다. 따라서 동선의 분리와 연계 및 공유 영역의 관계가 매우 중요하다. 공유 영역인 마당과 식당은 서로의 사적인 영역을 거치지 않고 접근할 수 있으면서도 생활의 중심이 돼야 한다.

한정된 예산을 최대한 활용한 〈민락동 ㄱ자집〉. 이곳은 마당과 취사 영역은 공유함과 동시에 서로의 프라이빗한 공간인 침실은 최대한 보호받을 수 있도록 설계했다.

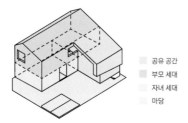

> 공유 공간
> 부모 세대
> 자녀 세대
> 마당

마당과 식당을 공유하면서 자녀 세대와 부모 세대가 한집에 사는 〈민락동 ㄱ자집〉.

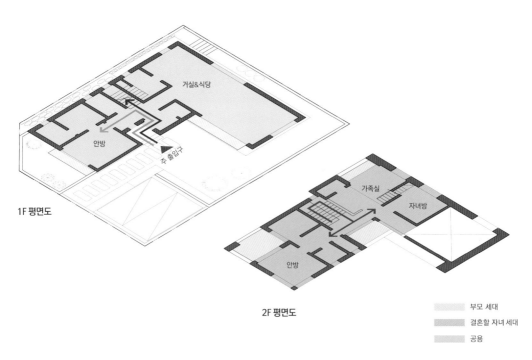

1F 평면도

거실&식당

안방

주 출입구

2F 평면도

가족실

자녀방

안방

> 부모 세대
> 결혼할 자녀 세대
> 공용

마당의 자연 요소를 노부모님의
간호 환경으로 삼는 지혜

연세가 많거나 질병이 있어 가족의 돌봄이 필요한 노부모가 있는 경우에도 마당집을 통해 서로의 거주와 간호 환경을 개선할 수 있다. 자연 채광이나 환기가 잘 되도록 고려하면서 마당을 중심으로 한집에 모여 사는 방법이다. 이 경우, 계단 사용이 없는 1층 마당을 중심으로 노부모님 영역과 주요 주방 및 거실을 두고, 자녀 세대를 2층에 둠으로써 독립된 생활을 보장하는 설계가 가능하다. 이렇게 하면 각 세대가 매 순간 부딪치는 상황을 피할 수 있어 공동생활과 사적 생활이 적절히 분리된다. 현관에서 멀지 않은 곳에 계단을 둬 부모님과 관계없이 2층으로 연계되는 동선이 중요하며 2층에도 간단한 취사 시설이 필요하다. 먼 미래에 부모님이 계시지 않을 경우를 대비해 가벼운 인테리어로 현관을 분리하면 향후 2층을 임대로 내놓을 수도 있다.

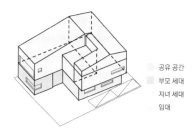

공유 공간
부모 세대
자녀 세대
임대

주방과 거실을 공유하면서 층으로 독립된 생활이 확보되는 〈김포 수평창집〉.

2층에도 간단한 취사 시설을 설치해 독립적인 생활을 가능케 했다.

현관에서 바라본 모습. 이곳은 노부모와 자녀 세대가 함께 사용하는 주방과 거실이 위치한 곳이다.

현관을 들어서면 2층으로 바로 연결되는 계단실이 보인다.

부모 세대
자녀 세대
공용

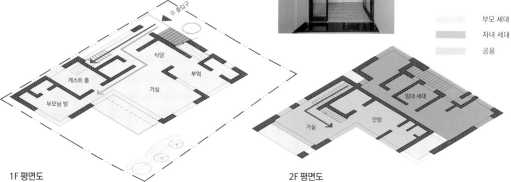

주 출입구

식당
게스트 룸
부엌
거실
부모님 방

1F 평면도

임대 세대
거실
안방

2F 평면도

남자만의 동굴, 사랑방의 부활

마당으로 별도로 분리된 사랑방

전통 주거 양식에서는 남자와 여자 공간을 분리해 공간을 구성했다. 안채와 사랑채로 구분해 꾸몄으며, 사랑채의 사랑방은 남성 공간으로 집의 얼굴 역할을 담당했다. 일상생활을 하면서도 손님을 접대하는 등 바깥 활동의 접점이 되는 공간이었다.

하지만 현대 주거지에는 남자의 공간이 없다. 아파트 문화에 익숙해진 탓인지, 안방을 포함한 방은 크기와 숫자로 나뉠 뿐이다. 때문에 각 공간의 정체성이 확실하지 않은 경우가 태반이다.

반면 단독 주택에서의 사랑방은 다양한 쓰임새를 지니고 있다. 평상시에는 서재를 겸한 남자의 힐링 공간으로 사용하다가 친척이나 다른 손님이 오면 손님방으로 활용하는 융통성을 발휘할 수 있다. 사랑방의 위치는 남편들의 라이프스타일이나 손님 방문의 빈도수에 따라 다르게 계획된다. 완전히 독립적으로 조용히 사용하길 원하는 경우에는 마당을 사이에 두고 주 생활 공간과 떨어뜨리기도 한다. 사랑방의 위치를 독립적으로 배치해

별도의 마당을 구성하는 것이 사용 시 편리하다. 남편이 주로 머물지만 가족들도 같이 사용할 수 있으면서 손님 방문도 용이하도록 영역을 구분하는 경우도 있다. 대문과 가깝도록 사랑마당과 함께 구성할 수도 있고, 현관에서부터 사랑방 영역을 구분해 나누는 방법도 좋다. 거기에 마당과 시각적으로 소통하도록 위치를 잡으면 사랑방 특유의 분위기를 살리는 데 도움이 된다.

또한 주택에서 가장 넓으며 외부인 접대 공간으로 활용되는 거실과 연계해 사랑방을 계획할 수도 있다. 이때 마당과 이어진 거실 공간은 고정된 생활상(소파에 눕거나 텔레비전 시청을 하는 등)의 장소가 아닌, 여러 생활(서재, 손님 접대, 영화관, 가족 놀이터 등)이 가능한 장소가 된다.

〈사랑방을 둔 ㄷ자집〉. ㄷ자집의 한 변에 사랑방을 두어 현관에서 분리되는 구성.

〈사랑방을 둔 ㄷ자집〉은 뒷마당, 안마당, 사랑마당 등이 각 실과 관계를 맺어 다양한 풍경을 연출한다.

ㄷ자형의 배치로 마당을 다양하게 구분 지은 〈사랑방을 둔 ㄷ자집〉.

〈사랑방을 둔 ㄱ자집〉. 마당과 별도로 분리된 사랑방이 있다.

아담한 규모의 대지임에도, 독립된 사랑방 배치를 통해 다채로운 마당을 갖게 된 〈사랑방을 둔 ㄱ자집〉.

독립된 사랑방 앞에 놓인 작은 마당. 낮은 담장으로 영역을 구분해 프라이빗하게 꾸몄다.

큰 창을 통해 마당까지 넓은 개방감을 선사하는 사랑방 내부.

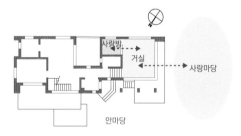

〈완주 누마루 ㅡ자집〉의 거실과 합쳐진 사랑방 구성.

북쪽 안마당에서 바라본 전경. 〈완주 누마루 ㅡ자집〉은 조망이 우수한 북쪽과 서쪽에 거실을 배치하고 남쪽으로는 작은 마당을 뒀다.

서쪽 사랑마당에서 진입하면서 바라본 누마루 전경.

거실 내 연계해 만든 사랑방.

나만의 취미 공간이 있는 집

넓은 대지를 이용해 별동을 두거나 다양한 이벤트를
근교나 자연 지역은 도심과 비교해 땅의 크기가
넓은 편이다. 따라서 주거와 독립적인 공간을 별
동으로 배치하는 것도 고려해 볼 만하다. 별동을
만드는 경우에는 마당이 두 동을 분리하면서도
이어 주는 공용 장소 역할을 하여 많은 이벤트가
가능하다. <가평 네모 박공집>은 두 채로 분리하
여 마당을 다양하게 구획 짓고 있다. 한 채는 건축
주 주택이고 작은 별채는 주인장의 취미 공간인
목공방이다.

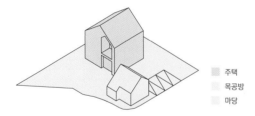

■ 주택
□ 목공방
□ 마당

별채로 목공방을 둔 <가평 네모 박공집>.

<가평 네모 박공집>은 두 채의 배치를 통해 진입 마당과 안마당으로
나뉜다. 작은 별채는 주인의 취미를 즐길 수 있는 목공방이다.

입지적 특성상 주변의 자연환경과 마당을 품은 주택이 조화롭게 어우러진다.

현관에서 분리돼 마당을 바라보는 작은 다실을

사람들은 가끔 나만의 공간에서 아무런 간섭 없이 좋아하는 일을 마음껏 하고 싶어 한다. 이를 위한 알파 룸은 마당과 어울려 일상의 주 공간과 적절히 분리돼야 한다. 하지만 도시 지역에서는 쉬운 일이 아니다. 땅의 크기에 한계가 있고 인접 필지가 바로 붙어 있기 때문이다.

<판교 햇살 깊은 마당집>은 마당을 통해 현관을 가게 되는데, 현관과 인접한 작은 다실을 두고 있다. 주택의 주 생활 공간과 분리되면서도 현관과 함께 가변적으로 확장될 수 있어 다실 이외의 활용도 가능하다. 다실은 마당 조망이 가능해 작은 평수에도 불구하고 공간적 활용도가 높다.

현관에서 분리되어 마당을 바라볼 수 있는 다실을 둔 <판교 햇살 깊은 마당집>.

건축주의 바람대로 만들어진 '다실' 공간. 손님을 응접하거나 소박한 별채 공간으로 사용 가능하다.

바깥마당과 연계되면서도 독립된 다실을

자연 지역에서는 가족과 함께 힐링을 할 수 있는 집을 만드는 것이 가능하다. 제주도에 지은 <다실을 둔 ㄷ자 마당집>은 3대 가족이 휴양차 이용하는 주택으로, 마당은 크게 닫힌 안마당과 개방된 바깥마당으로 나뉜다. 안마당은 외부로부터 안전한 공간으로 아이들을 위한 풀을 뒀으며 가족만의 힐링 마당이 된다.

현관에 들어오면 주 생활 공간과 다실이 동선에 따라 분리돼 있다. 지면에서 올린 다실은 주변 풍

경을 누리면서 차를 마실 수 있는 특별한 공간이다. 이곳은 외부인의 접대가 가능한 손님방 역할도 하며 바깥마당과 이어져 운치를 더한다.

바깥마당과 연계되면서 독립된 <다실을 둔 ㄷ자 마당집>.

다실은 내부에서도 확장된 시선으로 자연을 조망할 수 있다.

프라이빗하게 즐길 수 있는 안마당.

마당에 공존하는 작업 공간과 주거 공간

목적에 따른 다양한 공간 활용

요즘 집은 거주만을 목적으로 하기보다는 다채로운 활용을 꾀하는 것이 트렌드다. 작업실이나 공방, 갤러리, 민박 등 단순한 주거의 목적을 넘어서, 삶의 이모저모를 담는 공간이 되고 있는 것이다. 그만큼 현대 사회의 다양한 욕구가 주거에 반영되고 있다고도 볼 수 있다. 아파트 같은 공동 주택은 공간에 개성을 담는 데 한계가 있지만 단독 주택은 그렇지 않다. 그렇다면 주거 공간과 다른 목적의 공간들은 어떻게 결합해야 할까?

공간의 구성 방식은 주택을 짓는 지역(도심, 근교, 자연 등)에 따라 달라진다. 도심에 짓는 경우는 지하를 활용할 수도 있지만, 주거 영역을 길에서 먼 쪽에 배치하고, 보다 공적인 영역은 길 쪽으로 배치하는 방법도 좋다. 이 경우 주거가 아닌 다른 목적의 공간과 연계된 마당 및 길에서 독립된 주택 마당을 계획해 보다 풍부한 외부 공간을 구성할 수 있다.

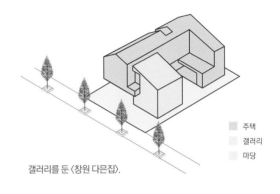

주택
갤러리
마당

갤러리를 둔 〈창원 다믄집〉.

갤러리와 연계된 복층의 2층 작업실로 올라가는 계단이 눈길을 끈다.

도심에 지어진 〈창원 다믄집〉. 길에 면해서 갤러리를 두고 뒤쪽에 안마당을 둔 ㄷ자집이다.

지하 공간은 남편의 취미실로, 외부 계단을 통해 안마당과도 연계가 가능하도록 했다.

마당은 주거와 작업 공간을 연결하는 매개체로 활용

펜션이나 공방과 같은 용도의 공간이 주거 공간과 같은 마당에 있는 경우에는 각 공간이 모두 동일하게 중요하기에 처음부터 두 장소의 관계를 고려해 배치하는 계획이 필요하다.

이 사례는 도심 근교에서 목공방을 운영하는 부부의 마당집이다. 목공방의 경우 가구를 만드는 작업실과 목자재를 보관하는 창고가 있어야 한다. 주택은 이들 시설에서 분리되면서도 관리나 연계가 쉬워야 하고, 거주 환경에서도 조망이나 채광을 고려해야 한다.

이곳에서 마당은 중요한 역할을 담당한다. 길에서 들어간 안쪽에 주차장과 합쳐진 넓은 마당을 뒀고 길 쪽으로 접근하기 쉬운 곳에는 작업실 공방을, 안쪽에는 1층 창고를 배치했다. 아울러 2층 건물에는 마당을 둔 ㄱ자 주택을 뒀다. 이렇게 함으로써 주택은 채광과 조망을 확보할 수 있게 됐다. 또한 주택 마당에서는 공방 전체가 마당과 함께 한눈에 들어온다.

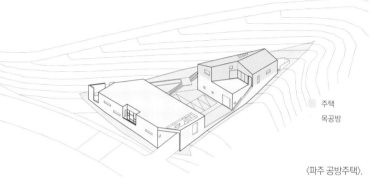

주택
목공방

〈파주 공방주택〉.

드론으로 촬영한 〈파주 공방주택〉의 전체적인 외관. 경사를 따라 설치한 담장은 필지를 둘러싼 자연환경과 조화를 이룬다.

1층 건물은 길에 면한 공방과 자재를 보관할 수 있는 창고로, 2층 건물은 단독 주택으로 사용하고 있다.

이곳은 길에서 들어간 안쪽, 주택과 공방 사이에 주차장과 합쳐진 넓은 마당을 둔 것이 특징이다.

경사진 지형에 생겨난 테라스와 마당

또 다른 사례는 바닷가의 경사진 지형에 설계된 펜션이다. 펜션의 특성상 외부 손님이 항상 바뀌는 경우가 많다. 펜션 시설에는 침실과 파티 룸, 카페 영역이 구분된다. 경사진 지형을 활용해 각 영역의 배치를 층으로 구분하면서 생긴 층층의 테라스와 마당은 펜션 주택 전체에 특별함을 부여한다.

1층은 주차장과 카페, 2층은 풀장과 파티 룸, 3층은 객실과 넓은 테라스, 4층은 마당 있는 건축주 주택으로 구성했다. 분리와 연계가 유기적으로 이루어지면서도 바다의 풍경을 최대한 조망할 수 있게 한 펜션 주택으로 완성됐다.

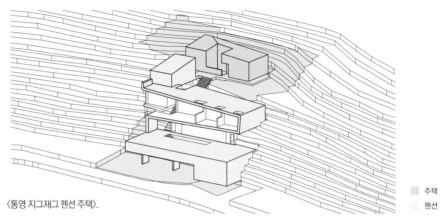

〈통영 지그재그 펜션 주택〉.

■ 주택
□ 팬션

〈통영 지그재그 펜션 주택〉. 카페, 풀장 & 파티 룸, 객실, 주택 등의 공간을 대지의 레벨 차에 따라 구분해 배치했다.

4층 건축주 주택은 펜션동과의 사이에 마당을 조성해 분리와 연계를 유기적으로 할 수 있다.

전면으로는 바다를, 뒷면으로는 녹지를 취하고 있는 〈통영 지그재그 펜션 주택〉.

2층 풀장과 파티 룸, 3층 객실에서도 바다를 내다볼 수 있도록 계획했다.

주부의 로망이 깃든 감성 공간

층별 분리를 통해 알차게 구성한 주부의 공간

세대별 단위 건축 면적이 작은 경우 거실과 부엌/식당을 층으로 구분하는 것도 좋은 계획이다. 마당과 관계하는 부엌과 식당을 1층에 배치하고, 2층에 거실을 두면 주변 환경에 대응하면서도 주부 공간이 분리되는 효과를 볼 수 있다.

〈김포 하니카운티〉. 층으로 1층 부엌/식당과 2층 거실을 구분한 것이 특징이다.

2층 거실과 다락으로 연계된 높은 층고가 공간감을 확장해 시원함을 느끼게 한다.

1층에 위치한 부엌/식당은 외부와 쉽게 소통할 수 있도록 배려했다.

1층 식당과 연계된 마당은 넓은 시각적 효과를 불러일으킨다.

〈김포 하니카운티〉 단면도. 층 분리를 통해 생활의 다양성과 독립성을 추구하고 식당과 테라스, 거실과 발코니를 연계해 풍부한 공간 확장성을 확보한 것이 특징이다.

주부의 특권인 주방을 배려 공간으로

아파트의 경우, 면적이 크지 않은 평면에서는 거실과 주방이 서로 보이게 되어 있다. 손님에게 주방을 보이고 싶지 않은 주부들에겐 큰 고민인 셈이다. 거실과 주방의 분리는 가족의 라이프스타일에 따라 외부 손님이 많은 경우에 주로 요구된다. 이런 면에서 볼 때 부엌 혹은 식당을 거실과 분리한다는 것은 주부의 공간에 대한 존중과 배려다. 마당은 이들의 영역을 구분 짓는 데 좋은 해결책이 된다. 마당을 중심으로 주부의 공간 영역을 분리하는 것이다. <완주 누마루 —자집>의 경우에는 매스 가운데 현관과 마당이 있어 거실과 주방 영역을 나누고 있다.

〈완주 누마루 —자집〉.

■ 여성 공간
□ 남성 공간

〈완주 누마루 —자집〉은 주택 가운데에 현관과 마당을 놓아 남성 영역인 거실 공간과 여성 영역인 주방 공간을 나누고 있다.

거실과 분리한 주방. 덕분에 외부 손님의 시선에서 벗어나 자유롭게 일을 진행할 수 있다.

각 실과 맞닿은 마당 공간

마당을 중심에 놓고 ㄱ자 형태로 배치하면 한 변은 거실과 맞닿고, 한 변은 부엌/식당과 맞닿아 좋은 효과를 볼 수 있다. 거실과 부엌/식당을 시각적으로 분리하되 마당을 공유시킴으로써 보다 풍부한 공간감을 느낄 수 있는 것이다.

〈용인 포치를 둔 ㄱ자집〉.

■ 여성 공간
□ 남성 공간

마당을 중심으로 ㄱ자 형태로 배치해 풍부한 마당을 느낄 수 있다.

〈용인 포치를 둔 ㄱ자집〉은 거실과 부엌/식당이 마당에 각각 맞닿아 있어 활용도가 높다.

반려동물을 위한 '집사'의 집

또 하나의 식구, 반려동물을 위한 공간

1, 2인 가구가 늘어나면서 현대인들이 외로움을 달래는 수단으로 반려동물을 기르는 집이 증가했다. 반려동물은 내부 공간에만 있으면 사람의 위생이나 동물 자신의 신체적 활동에 문제가 발생할 수 있다. 때문에 산책을 시키거나 애견 카페를 방문하는 일이 반려동물을 위한 배려일 것이다. 이러한 추세를 반영하듯 집을 지으면서 반려동물을 위한 마당을 요구하기도 한다.

이러한 경우, 동물의 습성을 고려해 반려동물 전용 마당이나 가구를 계획한다. <고양이 마당을 둔 ㄱ자집>은 고양이의 배변 습관이나 마당에서의 활동을 고려해 식당 앞에 작은 마당을 뒀다. 반려견을 둔 경우도 마찬가지다. <완주 누마루 ─자집>은 들어 올린 누마루 하부를 반려견의 집으로 활용하고 있다.

<고양이 마당을 둔 ㄱ자집> 왼쪽으로는 개방된 안마당, 오른쪽으로는 사방이 닫힌 고양이 마당이 놓여 있다.

고양이들이 자유롭게 지내고 있는 모습이 인상적이다.

<완주 누마루 ─자집>의 들어 올린 누마루 하부는 반려견이 마음껏 쉬고 뛰놀 수 있는 장소다.

현관 앞에서 바라본 누마루 부분으로, 하부 공간을 다양하게 활용하고 있다.

생활 마당(부엌 마당)의 재발견

각 마당의 역할이 주는 다양한 이로움

마당에는 다양한 유형이 있다. 안마당, 사랑마당, 행랑마당 등 과거의 마당은 집채와 짝을 이루는 방식으로 형성됐다. 오늘날의 건물은 집채 구성이 아닌 단일 건물이기 때문에 주거 용도와 밀접한 마당이 형성된다. 부엌 마당은 날씨가 좋은 날, 야외 식당의 역할뿐 아니라 휴식 공간으로도 사용할 수 있다. 또한 김장 등 넓은 공간이 필요한 한국음식을 할 때, 내부 부엌에서 연장된 외부 부엌의 역할도 한다. 외부인의 시선을 받지 않기에 빨래도 말릴 수 있다.

한편 부엌 앞마당의 필로티 공간에 들마루를 설치하면 날씨와 관계없이 활용하기 좋은 마당이 된다. 지붕이 없는 마당과 같이 있을 경우 마당은 더욱 풍부한 느낌을 준다.

〈사랑방을 둔 ㄱ자집〉.

필로티된 부엌 마당은 안마당과 연계되어 공간이 넓어 보이는 동시에 활용성이 좋다. 또한 툇마루를 두어 운치를 더했을 뿐만 아니라 돌로 포장한 바닥 덕분에 물을 사용하기에도 편리하다.

〈사랑방을 둔 ㄱ자집〉의 부엌 마당은 식당과 연계되어 야외 식당의 역할을 하면서 맞은편 사랑방과 영역을 분리하는 역할까지 하고 있다.

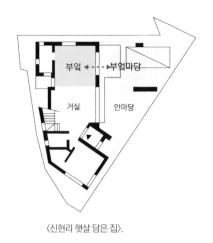

〈신현리 햇살 담은 집〉.

〈신현리 햇살 담은 집〉은 남쪽을 향해 트여 있는 테라스와 툇마루, 마당이 특징이다. 필로티 아래 테라스는 식당과 연계돼 다양한 활용이 가능하다.

한국인의 라이프스타일에 맞는 멀티 공간

부엌/식당과 연계된 독립된 부엌 마당은 부엌일과 관련된 보다 많은 생활이 이뤄지는 공간이다. 예 부터 우리의 부엌 마당은 김장이나 바비큐, 냄새 나는 음식, 빨래를 말리는 장소 등 내부에서 할 수 없는 다양한 생활을 감당하는 멀티 공간이었다. 오늘날은 많이 간소화되긴 했지만, 별반 다르지 않게 이러한 부엌 마당의 쓰임새는 높은 편이다.

〈위례 工자집〉.

〈위례 工자집〉의 주방과 부엌 마당. 휴식 공간으로 사용하는 것은 물론 내부에서 하기 어려운 다양한 일상생활을 할 수 있는 공간으로 활용되고 있다.

일상과 풍경, 책이 함께하는 집

내부 중정을 중심으로 한 작은 도서관 같은 집

자연 지역에 작은 도서관 같은 집을 짓고자 하는 경우도 있다. 양평의 작은 도서관인 <BOOK BOX>는 소장한 책을 보관함과 동시에 건축주가 머무는 공간이다. 손님이 오거나 10명 정도의 지인들이 모여 편하게 담소를 나누는 장소이기도 하다. 집 가운데 내부 중정을 두고, 책은 주변 풍경과 함께 진열되어 공간의 주인공이 된다. 이곳에서 사람은 구획된 방을 벗어나 책과 어울리면서 잠을 자고 목욕도 할 수 있다. 손님을 위한 조그마한 방은 있지만 이 장소에서는 엑스트라일 뿐이다. 책과 책이 겹쳐 보이는 오픈된 두 개 층을 따라 걷다 보면 책과 풍경이 결합해 끌어내는 공간의 아름다움을 체험하게 된다.

〈양평 BOOK BOX〉의 주인공은 사람이 아닌 '책'이다. 2개 층의 오픈된 박스 공간에는 책과 풍경과 공간만이 존재한다.

북 카페 같은 거실

요즘 단독 주택의 요구 조건 중에는 책과 관련된 사항이 많은 편이다. 북 카페 같은 집, 도서관 같은 방 등 집 전체를 본인들이 좋아하는 공간으로 만들고 싶은 욕망이 강해졌기 때문이다. 책은 집의 인테리어를 완성해 가는 주요한 요소다. 마당이나 주변 풍경을 접목해 계획하면 책을 통한 인테리어는 더욱 풍부해진다.

거실을 북 카페처럼 꾸밀 수도 있다. 텔레비전을 없애고, 마당과 이어지는 거실 공간의 벽면을 창과 책꽂이로 구성하면서, 소파 대신 대청 같은 기단을 두면 북 카페 같은 거실이 완성된다. 여기서 마당은 주변 풍경과 함께 어우러져 시간과 계절에 따라 집 안의 다양한 변화를 연출한다.

〈화정동 삼각집〉은 거실을 북 카페처럼 꾸민 것이 특징이다. 특히 마당과 이어지는 거실 공간 벽면을 책꽂이로 구성한 점이 눈길을 끈다.

풍경과 함께하는 도서관 같은 집

일상을 보내는 집이라도 계단이나 거실 벽면 등의 인테리어를 책꽂이로 하고, 조망이 있는 방을 작은 도서관처럼 꾸미면 집 전체 분위기를 책과 함께하는 공간으로 만들 수 있다. 여기서 마당과 테라스는 자연스럽게 책과 함께할 수 있는 공간이 된다. 일상과 풍경, 그리고 책이 공존하는 도서관 같은 집이 되는 것이다.

작은 도서관을 연상시키는 〈신현리 햇살 담은 집〉 내부. 특히 마당과 테라스는 책과 함께할 수 있는 힐링 공간으로 자리매김했다.

계단 한쪽에도 책꽂이를 설치해 항상 책을 가까이할 수 있도록 했다.

마당과 풍경들

무엇이 마당의 모습을 만드는 걸까? 또한 보기 좋은 마당의 크기는 어느 정도일까?

마당에서 보는 주택의 모습은 또 다른 주택의 얼굴이다.

마당은 크기와 입체적 구성을 어떻게 계획하느냐에 따라 다채로운 풍경을 만들어 낸다.

'마당과 풍경들'에서는 다양한 마당의 풍경 사진과 함께 내외부 공간의 관계로

만들어진 전경과 재료의 조합으로 형성된 풍경 등의 사례를 소개한다.

一자집, 환경과 끊임없이 소통하다

주변 경관을 가득 담은 집

이 집은 전라북도 완주군 근교 지역에 지어진 집으로 마당에서 주변 명산인 모악산이 보이는 곳이다. 전경을 보면 200평 남짓한 대지에 자연적 선(라인)의 주변 풍경과 대비되는 기하학적 선의 입면을 만들어 주변 풍경과 공존을 이루고 있다.

마당 내에서의 모습을 보면 一자형의 마당은 一자집의 각 실과 적극적인 관계를 갖고 있다. 거실의 누마루, 2층 안방 전실의 테라스, 1층 방 앞의 데크, 2층 방의 테라스 등 건물의 전면은 마당과 끊임없이 소통하고 있다. 이러한 실들에서는 모악산과 주변 산의 풍경을 조망할 수 있다.

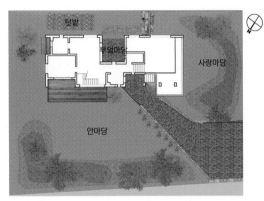

〈완주 누마루 一자집〉의 주변 경관을 가득 담은 마당 풍경.

필로티로 들어 올려진 사랑마당과 누마루.

주변 모악산 풍경과 함께 보이는 안마당.

경사진 땅이 만드는 아래위 마당 풍경

동쪽의 조망이 우수한 경사진 지형이다. 경사가 높은 곳에 있는 2층이 주 진입로다. 경사지를 그대로 활용해 레벨이 다른 2개의 마당을 형성했다.

2층 마당은 주차장 및 2층 거실과 연계된 남향의 테라스 마당이다. 동쪽의 원경이 한눈에 들어오는 멋진 뷰가 포인트다. 1층 마당은 아래층 안방의 남쪽에 배치돼 있다. 이 마당은 근거리의 풍경을 만든다. 경사지라는 자연환경을 건축적으로 이용했기 때문에 각기 다른 풍경의 마당을 꾸미는 데 성공할 수 있었다.

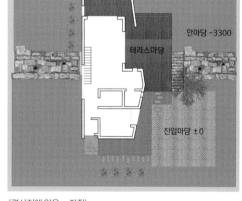

〈경사지에 앉은 ─자집〉.

경사진 땅에 만들어진 남쪽 윗마당과 아랫마당.

동쪽 풍경이 함께 보이는 남쪽 테라스 마당.

안방에서 바라본 아랫마당 전경.

수려한 풍경이 보이는 동쪽과 테라스를 통해 채광을 확보한 남쪽.

닫힌 마당과 열린 마당의 구성

경사가 급한 산자락의 중간 지점에 자리 잡은 주택이다. 지형으로 인해 넓고 광활하게 열린 조망을 가진 집이다. 이 집은 두 가지 마당이 있다. 땅이 주는 광활한 풍경을 담는 열린 마당과 휴먼 스케일의 닫힌 마당이 그것이다. 두 마당의 대조적 구성은 인간이 느낄 수 있는 자연의 경험을 극대화하는 효과를 준다.

집의 전면에는 열린 마당과 광활한 풍경을 나란히 두었다. 열린 마당 건너로 보이는 풍경은 횅하게 느껴질 수 있지만, 마당을 사이에 뒀기에 편안하게 즐길 수 있다. 반면, 닫힌 마당은 남쪽으로 거실과 나란히 뒤 채광을 최대한 확보했으며 휴먼 스케일을 고려해 작고 단정하게 만들었다. 덕분에 풍경을 선택적으로 즐길 수 있어 안정적인 거주가 가능하다.

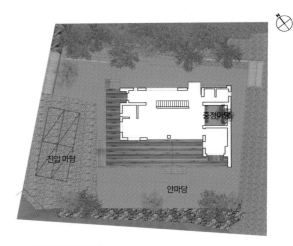

〈밀양 구천리 풍경집〉.

〈밀양 구천리 풍경집〉 전경. 이곳은 경사가 급한 산자락의 중간 지점에 자리 잡은 주택으로, 집의 전면에는 열린 마당과 광활한 풍경을 나란히 뒀다.

집의 내부에서도 작고 아담한 중정 풍경과 외부의 열린 풍경을 동시에 경험할 수 있다.

열린 전경을 통해 전면 마당이 시원하게 펼쳐진 광경을 볼 수 있다.

1, 2층에 다양한 테라스와 중정 마당을 두었다.

비웠지만 많은 것이 담긴 마당

서쪽으로 미호천 조망을 둔 넓은 필지의 주택이
다. 이 집은 주택의 형태를 단순한 一자 매스로 만
들고 매스의 세 곳을 비워, 마당을 마치 매스 속에
품은 전이 공간처럼 만들었다. 서쪽과 남쪽 마당
은 매스의 1층을 열어 미호천 조망이나 바깥마당
으로서의 깊이를 부여했다. 2층은 형태의 윤곽을
그대로 둬 조형적인 역할을 한다.

북쪽 마당의 1층은 닫힌 구성으로 프라이버시를
확보했으며, 2층은 열린 구성으로 채광과 하늘 조
망을 만끽할 수 있도록 만들었다. 한편 남쪽과 서
쪽 마당은 서로 시각적으로 연결되면서 공간의
깊이를 더욱 풍성하게 자아낸다.

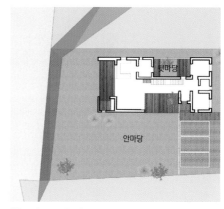

〈청주 비우고 담은 집〉의 마당 구성.

서쪽 미호천과 남쪽으로 열린 〈청주 비우고 담은 집〉.

남쪽과 서쪽 두 마당이 함께 보이는 거실.

바깥마당으로 이어지는 남쪽의 비워진 마당 전경.

거실&주방과 연계된 서쪽 미호천 마당 전경.

ㄱ자집, 내부의 개성을 마당으로 잇다

바위를 품은 마당

이 집은 대지 한가운데 큰 바위가 있다. 이 바위는
집을 짓는 데 방해 요소로 존재하는 것이 아니라,
오히려 자연적인 마당을 구성하는 정원 같은 요소
로 자리하고 있다. 오래전부터 이 땅의 주인이었을
바위는 건물과 함께 풍부한 풍경을 자아낸다.
바위를 중심으로 좌우에는 거실과 부엌/식당을
배치하고, 식당 앞에는 필로티 공간을 만들어 바
위와 어우러지게끔 연출했다. 거실 쪽 마당은 가
족들이 둘러앉아 바비큐를 할 수 있도록 데크를
만들어 마당의 활용성을 높였다. 이처럼 대지에
있는 자연물은 좋은 건축적 요소가 되곤 한다.

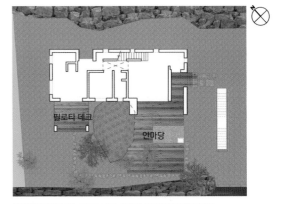

〈양평 바위마당집〉. 대지에 있는 자연물을 활용한 마당 풍경.

대지 한가운데 놓인 큰 바위는
이 집의 아이덴티티로 자리하
게 됐다. 바위를 품은 마당이
눈길을 끄는 이곳은 풍부한 풍
경을 자아낸다.

작은 땅에도 풍부한 마당을

이 집은 도심의 넓지 않은 땅에 풍부한 마당을 계획한 곳이다. 작은 땅에 위치한 T자 마당은 다양한 영역으로 구분되며 서로 관계를 맺는다. 거실 마당, 주차장, 식당 마당, 사랑마당이 바로 그것이다. 이 마당들은 4가지 영역의 멀티 공간이다.

식당 마당은 돌로 포장된 필로티 마당이고, 사랑마당은 작은 담을 세워 만든 아담한 공간이다. 또한 거실 마당은 마당 전체를 바라볼 수 있는 넓은 장소다. 이러한 마당들은 바라보는 방향이 달라 서로의 시선이 마주치지 않는다. T자 마당은 시야의 깊이를 연출하고, 각 방과 연계된 개성 있는 풍경을 만든다.

도심의 넓지 않은 땅에 위치한 ㄱ자 마당.

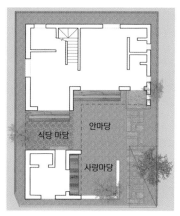

〈사랑방을 둔 ㄱ자집〉.

〈사랑방을 둔 ㄱ자집〉을 통해 크지 않은 땅에서도 얼마든지 마당을 누릴 수 있다는 것을 알 수 있다.

작은 담을 세워 만든 아담한 사랑마당이 보인다.

329

빛과 재료의 리듬이 돋보이는 마당

ㄱ자집인 이곳은 마당에 거실과 손님방이 면해
있다. 전체적으로는 2층으로 이뤄져 있지만, 마당
쪽은 단층으로 ㄱ자 배치를 통해 마당의 윤곽을
만들었다. 마당과 마주하는 벽면에는 넓은 폭으로
돌출시킨 단면에 현무암을 일정 간격으로 배치했
다. 그 덕분에 빛에 의한 리듬감 있는 패턴을 감상
할 수 있다.

한편 거실과 손님방의 마당에는 툇마루를 두고,
바닥으로는 돌길을, 벽과 만나는 하단부에는 흰
콩자갈을 깔아 세련미를 연출했다.

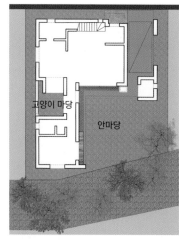

〈용인 고양이 마당을 둔 ㄱ자집〉. 빛과 재료의 리
듬이 돋보이는 마당이 특징이다.

〈용인 고양이 마당을 둔 ㄱ자집〉은 거실과 손님방이 마당과 접해 있다.

벽과 만나는 하단부에 깔린 흰 콩자갈이 마당을 한층 더 빛나게 한다.

마당과 마주하는 벽면에는 현무암을 일정 간격으로 배치해 리듬감 있
는 외벽을 완성했다.

1, 2층이 입체적으로 소통하는 마당

<전주 누마루 ㄱ자집>의 건축주는 딸 하나를 둔 맞벌이 부부로, 내부가 넓은 집보다는 아이가 뛰어놀 수 있는 마당이 넓은 집을 원했다. 또한 집 안 어디에서든 아이의 상황을 알 수 있기를 바랐다. 이에 필로티를 둔 2층의 ㄱ자 형태로 만들어 마당을 중심으로 입체적으로 소통하는 집을 계획했다. 거실에서 마당을 보면 2층의 안방 테라스와 1층 마당 및 필로티 마당이 한눈에 들어온다. 아울러 마당에서 집을 보면 개방된 마당을 중심으로 1층 거실 툇마루와 2층 안방 테라스가 입체적으로 소통하고 있다. 이처럼 마당은 가족 간의 소통을 풍부하게 만들어 주는 매개체 역할을 한다.

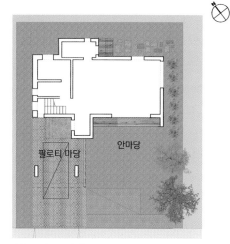

<전주 누마루 ㄱ자집>.

거실에서 보이는 1층 마당과 2층 테라스.

필로티 진입부 모습. 주차장임과 동시에 비를 피할 수 있는 주 출입구이기도 하다.

마당을 중심으로 1, 2층이 입체적으로 소통하고 있다.

2층에서 내려다본 마당 모습.

내부에서 바라본 마당과 2층.

331

ㄷ자집, 마당과 길의 공존을 꾀하다

담장과 어우러진 필로티 마당 풍경

이곳의 마당은 남쪽의 마을 길에 접해 있다. 마당의 구성은 길과 경계 짓는 담장과 2층 테라스들 그리고 1층 필로티 공간이다. 마당은 2개 층이 입체적으로 끊임없이 소통하게끔 돼 있다.

아울러 전면 길에서 보면 현관 진입 마당과 거실 앞마당, 식당 앞 필로티 마당이 긴 담장을 따라 일자로 면하고 있어 깊이가 느껴진다. 이와 함께 2층 중앙 테라스와 2층 도서관 앞 테라스가 마당과 소통하고 있어 관계를 더욱 풍부하게 만든다.

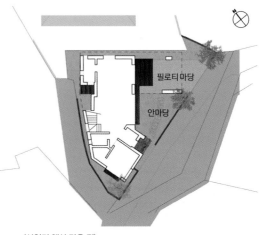

〈신현리 햇살 담은 집〉.

〈신현리 햇살 담은 집〉은 농어촌 지역에 위치한 만큼 주변 지역과 어우러질 수 있도록 낮은 담장을 설치했다.

내부에서 바라본 담장과 풍경.

필로티 마당에서 바라본 풍경. 길과 경계 짓는 담장과 마당이 조화롭게 어우러진다.

지붕선이 수려한 마당 풍경

이 집은 단순하고 미니멀한 디자인이 특징이다. 마당을 둘러싼 벽은 흰색의 스타코로 미니멀하게 표현하고, 바닥도 목재 데크만 사용했다.

단순해 보이는 이 마당에 풍부한 변화를 주는 요소는 마당 한편에 있는 단풍나무 한 그루와 ㄷ자집의 윤곽을 만드는 지붕선일 것이다. 지붕선은 높이가 다른 3면이 사선으로 이어져 단순하면서도 변화가 느껴지는 하늘 풍경을 담고 있다. 한 그루의 나무는 시간의 변화에 따라 흰 벽면에 다양한 그림자를 드리워 풍부한 마당을 구성하는 주요 요소로 작용하고 있다.

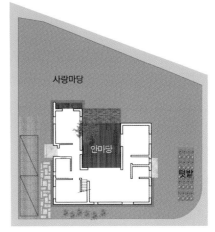

〈사랑방을 둔 ㄷ자집〉. 지붕선과 단풍나무가 어우러져 수려한 마당 풍경을 이룬다.

내부에서 바라본 마당. 단풍나무 한 그루와 지붕의 사선이 눈길을 끈다.

사선으로 이어진 3면의 지붕선이 담아내고 있는 하늘 풍경.

수려한 지붕선이 마당을 보다 다채로운 풍경으로 보일 수 있도록 돕는다.

가로 마당과 안마당을 둔 〈다믄집〉

도심의 가로에 면해 있는 이 집은 성격이 다른 두 마당을 갖고 있다. ㄷ자로 배치해 길과 면한 개방적인 가로 마당과 길에서 안쪽에 위치한 폐쇄적인 안마당을 뒀다. 가로 마당에 면한 공간은 건축주가 운영하는 갤러리와 작업실로 사용하고 있다. 이에 반해 안마당은 가족들만의 주택 마당이다. 1층은 거실과 식당, 손님방이 마당과 접하고, 2층은 안방 테라스가 마당과 입체적으로 소통한다. 이처럼 마당은 각 영역을 구분하면서도 위치나 연계되는 실에 따라 성격이 달라진다. 다채로운 마당의 생성은 그만큼 점점 다양하고 개성적인 주택의 삶에 대응하는 건축적 요소가 되고 있다.

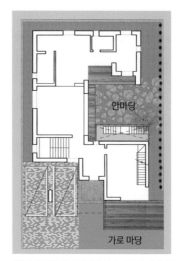

〈창원 다믄집〉의 개방적인 가로 마당과 폐쇄적인 안마당.

내부에서 바라본 안마당.

길가와 면해 있는 개방적인 성격의 가로 마당.

〈창원 다믄집〉의 안마당은 가족들이 프라이빗한 생활을 즐기기에 충분하다.

다양한 4면으로 둘러싸인 마당 풍경

마당은 무엇으로 어떻게 둘러싸여 있는가에 따라 여러 모습으로 바뀐다. <판교 햇살 깊은 마당집>은 진입 도로 쪽으로는 열린 ㄷ자이지만, 열린 도로 면에 상층부 가벽을 만들고 하층부에 여닫을 수 있는 문살 담장을 둬, 4면이 닫힌 ㅁ자 마당으로 완성했다. 1층의 각 면은 시각적인 깊이를 선사한다. 도로에서의 시선을 차단한 가족만의 마당이지만, 마당 안에서는 네 방향으로 다양한 풍경을 감상할 수 있다.

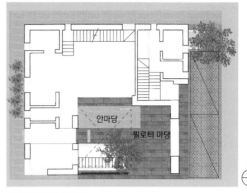

<판교 햇살 깊은 마당집>.

<판교 햇살 깊은 마당집>은 마당을 중심으로 각 실이 배치된 점이 특징이다. 또한 4면으로 둘러싸인 마당 덕분에 외부의 시선이 차단돼 가족의 프라이버시를 확보할 수 있는 장점이 있다.

ㅁ자집, 마당의 심도를 극대화하다

풍경을 여닫는 ㅁ자집

경사진 지형에 올려진 ㅁ자집이다. 필로티 공간에는 주차장을 만들고, 2층에는 마당을 중심으로 ㅁ자 배치를 했다. 남쪽은 풍경을 위해 실로 채우지 않고 비워내, 지붕이 있는 대청 공간을 다양하게 활용할 수 있도록 만들었다. 대청은 남쪽으로 여닫는 장치를 통해 생활에 따라 선택적으로 이용할 수 있다. 열려 있을 때는 거실에서 안마당을 넘어 먼 풍경까지 바라볼 수 있다. 또한 닫혀 있을 때는 아늑하면서도 프라이빗한 활동을 즐길 수 있게 했다.

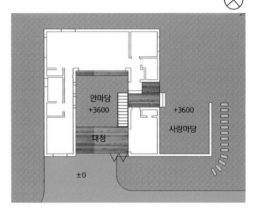

〈경사지에 앉은 ㅁ자집〉은 풍경을 열고 닫는 집이다.

〈경사지에 앉은 ㅁ자집〉은 열려 있을 때는 먼 풍경을 바라볼 수 있고, 닫혀 있을 때는 아늑한 느낌을 받을 수 있다.

1층 필로티 공간은 주차장으로 활용하고, 2층은 중정 마당을 조성해 사생활을 보호했다.

5개의 마당이 이루는 깊이감

이곳은 도심형 모퉁이 집이다. 노출이 많은 대지로, 건축주는 주택 생활을 보호할 수 있는 닫힌 구조를 원했다. 이는 5개 마당의 격자형 배치로 해결했다. 필지를 9개의 격자 모양으로 나누고, 중심 마당과 주변 마당을 격자 방식으로 구성했다.

모든 실은 중심 마당을 향한 열린 구조를 띠고 있으며 나머지 주변 마당은 각 실의 필요를 충족시킨다. 마당들은 시각적으로 서로 투영되며 깊이감을 연출한다. 특히 수목으로 에워싸인 주변 마당들은 각 실에 풍경을 더하고 있다.

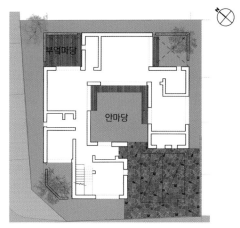

〈세종시 묘자집〉. 중심 마당과 주변 마당이 만드는 격자형 풍경.

〈세종시 묘자집〉의 모든 실은 중심 마당을 향한 열린 구조를 띠고 있다.

건축주는 주택 생활을 보호할 수 있도록 닫힌 구조를 원했다.

〈세종시 묘자집〉 2층에서 바라본 안마당. 깊이감이 느껴진다.

도로나 외부로부터의 시선을 차단해 안락한 마당을 느낄 수 있다.

동선에 따라 다양하게 바뀌는 외부 풍경을 눈에 담을 수 있다.

마당들은 시각적으로 서로 깊이감 있는 공간감을 선사한다.

사랑마당과 안마당이 공존하는 집

<당진 ㅁ자집>은 주변에 다른 집이 없는, 넓은 벌판에 자리 잡은 집이다. 전체적으로는 안마당을 중심으로 닫힌 ㅁ자집 한옥과 닮은 배치를 택했다. 또한 한옥의 대청 높이가 높듯, 입구 높이를 기준으로 1층은 1.2m를 올리고 사랑방은 이보다 1.5m를 더 높였다.

대문에 들어서면 사랑마당을 만나고 다시 더 진입하면 아늑한 안마당을 만난다. 사랑방은 다른 공간보다 높은 곳에 있어 담 너머 외부 풍경을 감상할 수 있다. 또한 거실에서는 하늘과 함께 안마당의 풍경이 한눈에 들어온다. 안마당의 열린 쪽으로는 사랑마당과 바깥 풍경이 연속적으로 이어져 있어 깊이감 있는 풍경을 감상할 수 있다.

〈당진 ㅁ자집〉. 안마당의 열린 쪽으로 사랑마당과 바깥 풍경이 연속적으로 이어진다.

〈당진 ㅁ자집〉의 사랑마당에서 보이는 안마당 전경.

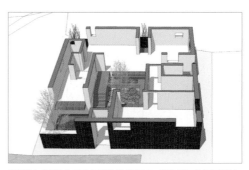

이곳은 'ㅁ'자 한옥 공간 구성을 현대적으로 재해석한 것이 특징이다.

〈당진 ㅁ자집〉의 진입 전경으로, 비워진 사랑마당과 나무가 보인다.

〈당진 ㅁ자집〉 사랑방 내부 전경. 높아진 사랑방에서 외부 풍경을 즐길 수 있다.

닫혔지만 〈열린 튼 ㅁ자집〉

파주 교하 택지에 개발된 단독 주택지다. 두 면이
도로에 면한 필지면서 남쪽 공원의 출입구가 필
지와 인접해 있어 사람들의 왕래가 잦은 곳이다.
건축주는 사람들의 시선을 피하면서도 공원의 경
치를 집에서 누릴 수 있길 원했다. 이 집은 전체적
으로 ㅁ자 형태를 띠었으나, 공원이 있는 방향인
남쪽으로 일부가 트인 집이다.

1층은 ㅁ자로 둘러싸인 안마당을 중심으로 거실
과 부엌/식당, 안방 영역을 배치해 도로로부터의
시선을 차단했다. 하지만 거실과 부엌/식당에서
는 안마당을 넘어 ㅁ자의 열린 부분을 통해 남쪽
공원을 조망할 수 있다.

2층은 가족실과 손님방, 자녀 방을 뒀다. 손님방과
자녀 방의 남쪽에는 전창과 함께 테라스를 설치
해 남쪽 공원의 풍경을 보다 개방적으로 누릴 수
있도록 만들었다.

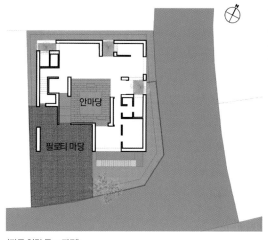

〈파주 열린 튼 ㅁ자집〉.

중정 마당을 품은 형태로, 마당을 향해 늘 열린 시선을 가질 수 있다는 것이 장점이다.

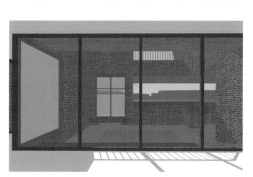

실내에서 마당은 물론 공원까지 조망할 수 있다.

〈파주 열린 튼 ㅁ자집〉은 전면에 위치한 공원을 향해
열린 형태로 배치한 것이 특징이다.

기타 유형 집

깊은 처마를 둔 마당 풍경

이 집은 남북으로 뻗어 있는 좁고 긴 대지 위에 건축한 T자집이다. 이러한 형태로 인해 대지의 앞과 뒤에 마당을 형성했다. 대지를 나누는 T자의 가운데는 거실이다. 이렇게 함으로써 거실 북쪽으로는 진입 마당을, 남쪽으로는 안마당을 두게 됐다. 즉, 좁고 긴 대지의 특징을 앞뒤 마당으로 활용하고 있는 것이다. 진입 마당은 공적인 공간으로 손님들을 반기는 공간이다.

한편 안마당은 가족만의 사적인 장소로 외부로부터 분리돼 있다. 또한 남쪽 채광을 위해 깊은 처마 공간을 두고 벽돌 담장과 바닥으로 마당의 운치를 더했다. 근경의 숲이 바라다보여 아늑한 분위기를 느낄 수 있다.

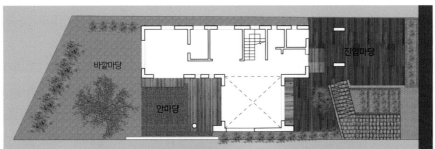

〈성석동 T자집〉. 대청 같은 거실의 앞뒤 마당 풍경.

〈성석동 T자집〉의 안마당은 가족만의 사적인 장소로, 프라이빗하게 즐길 수 있다.

잠시의 여유를 느끼게 해주는 진입 마당. 진입 마당은 손님들을 반기는 장소로 활용하기도 한다.

안마당에서 바라본 전경. 개성 있고 입체적인 공간 구성을 통해 독특한 외관이 완성됐다.

좁고 긴 대지에 놓인 〈성석동 T자집〉. T자 배치를 통해 전후에 마당과 조망을 확보할 수 있었다.

마당 건너 마당이 보이는 깊이감

이곳은 택지 개발 지구 내에 위치한 도시형 주택으로, 동쪽에 위치한 진입로의 전면이 가로로 배치된 길에 접해 있는 필지다. 정방형의 필지에 있는 이 집은 두 개의 마당을 품고 있다. 바로 거실 앞 안마당과 부엌 앞 부엌 마당이다.

거실과 부엌/식당은 개방된 한 공간으로 만들어 남향을 바라보게끔 배치했고, 남쪽에 각각 마당을 두도록 만들었다. 두 마당은 복도와 계단이 겹쳐진 통로에 의해 분리되면서도 시각적으로는 이어지고 있어 깊이감을 느낄 수 있다.

이러한 마당의 연결을 가능케 하는 것은 동쪽에 위치한 산이다. 부엌 마당과 안마당에서 보이는 산이 시각적으로 이어지며 연속성을 만드는 것

이다. 2층의 전체 형태는 ㅁ자집의 형태로 마당의 전체적인 윤곽을 그려 내고, ㄱ자 형태의 1층이 만들어 낸 두 마당은 깊이감을 자아낸다.

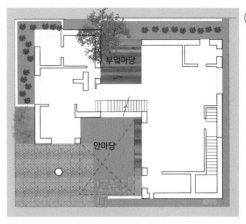

ㄱ자 형태의 1층이 품은 안마당과 부엌 마당.

〈위례 ㄱ자집〉의 마당 건너 보이는 주변 환경이 이곳의 경관을 한층 다채롭게 만든다.

이곳은 마당을 중심으로 각 실이 분리돼 있다. 따라서 가족의 공과 사를 구분할 수 있는 공간들이 나뉘어 있는 것이 특징이다.

위층 내부에서 바라본 마당 쪽 풍경. 동쪽에 위치한 산이 시각적으로 이어지며 연속성을 만들고 있다.

마당 주변 경관이 중첩되면서 깊이감 있는 야경을 느낄 수 있다.

내부 실들과 마당이 한 공간처럼 느껴지는 〈위례 ㄱ자집〉의 야경.

긴 담장이 빚어낸 마당

양평군 청운면 갈운리에 위치한, 길을 따라 길게 이어진 부지에 들어선 집이다. 대지 길이 93m의 좁고 긴 필지로, 산자락 끝에 위치해 있다. 건축주는 도심에서 벗어난 이곳을 개성 있는 별장으로 짓고자 했다. 건축주의 요구를 해결하기 위해 서로 다른 프로그램을 지닌 4개의 매스를 흩어진 배치로 계획했다. 하나의 건물에 모든 요구 사항을 넣기에는 긴 외부 공간의 활용이 어려웠기 때문이다.

각 매스는 활용 목적 및 규모와 필지의 환경에 맞게 형태와 공간을 각각 다르게 계획했다.

매스들은 필지 모양과 도로 선형을 따르는 형태로 전체 대지와 엮어 배치했다. 형태들을 잇는 긴 벽은 부지의 특성을 건축적으로 부각하면서 건물 각각의 형태와 엮인 외부 공간을 경험하게끔 돕는다.

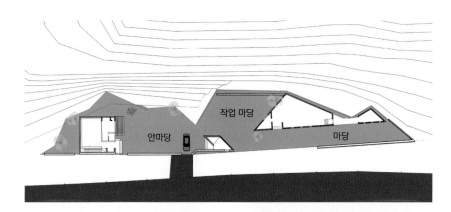

각각의 형태를 잇는 긴 벽은 부지의 특성을 부각시키기에 충분하다.

긴 벽을 따라 나열된 마당들의 전경이 다채롭다.

〈양평 BOOK BOX〉는 긴 국도변을 따라 세운 긴 담장 안쪽에 있다.

담장을 따라 같이 서 있는 주택들이 보인다.

가로 풍경을 만드는 마당들

여러 집이 모여 집합을 이루면, 모인 집들이 만들어 내는 가로 풍경이 있다. 우리나라는 집들이 모여 좋은 가로 풍경을 만들어 내지 못한다. 건물들이 너무나 제각각의 모습으로 모여 있기 때문이다. 공유하는 요소를 바탕으로 각자의 삶에 맞게 변형해야 통일된 모습 속에서 다양한 가로 풍경을 만들어 낼 수 있다. 가로변에 전면 마당을 둔 가로형 듀플렉스 주택은 이러한 모습을 잘 보여 준다. 모든 세대가 전면 마당이라는 공통된 모습을 하면서도 정원을 가꾸는 방식이나 차양 방식 등을 통해 개성을 드러내기 때문이다.

지형을 이용한 집들의 집합 모습은 더욱 다채로운 가로 풍경을 선사한다. 지형의 높낮이에서 생기는 다양한 변화나 마당의 위치, 조망 확보를 위한 높이 조절 등 자연환경을 건축적으로 고려하면 긍정적인 어울림을 만들어 낼 수 있다.

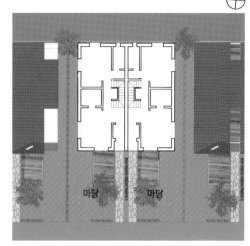

〈김포 하니키운티〉 듀플렉스 전면 마당.

모든 세대가 전면 마당을 가지고 있는 듀플렉스 주택 〈김포 하니카운티〉. 공통된 모습이지만, 건축주 각자의 라이프스타일에 맞게 저마다의 다른 공간이 완성되는 모습을 지켜보는 재미가 있다.

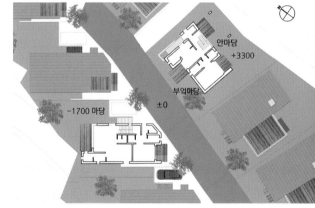

가로 풍경을 만드는 〈거제 아침고요마을〉.

〈거제 아침고요마을〉에 세워진 집들은 경사 지형을 활용한 테라스집이다. 다양한 레벨의 마당이 구성돼 입체적인 외부 공간을 즐길 수 있을 뿐 아니라, 라이프스타일을 고려한 여러 평면 구성으로 인해 눈길을 끈다.

지붕 형태와 다락의 유형

지붕은 집의 전체 형태를 완성하는 중요한 요소다.

주변에 위치한 요소와의 관계를 만들고, 길과의 관계, 집의 정면성 등을

결정하기에 마당에서 보이는 지붕 선형은 건축적으로 매우 중요하다.

특히 지붕을 통해 생긴 내부 공간의 윤곽이 해당 영역의 정체성을 부여하며

여러 가지 다락을 만들어 낸다.

또한 이처럼 지붕의 형태는 외관을 만드는 역할을 넘어

내부 공간과도 관계를 맺는다.

'지붕 형태와 다락의 유형'에서는 지붕의 형태들이 만들어 내는

다락의 모습을 살펴보자.

층고 높은 거실과의 일체화

다락은 독립된 개별 공간으로 사용하기보다 거실이나 가족실과 연계해 아이나 가족을 위한 잉여 공간으로 활용하는 경우가 많다. 이럴 때는 가족끼리 서로 시선이나 음성으로 소통할 수 있는 장점이 있다. 어린 자녀의 행동을 눈으로 볼 수 있다는 점에서 유리한 것이다. 예를 들어 거실은 텔레비전만 보는 단순한 공간이 되기 쉽다. 그러나 다락과 연계한다면 가족 구성원의 다양한 요구를 동시에 충족시킬 수 있는 멀티 공간이 된다.

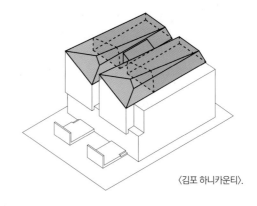

〈김포 하니카운티〉.

2층 거실과 다락의 연계로 생겨난 높은 층고로 개방감이 느껴진다.

거실에서 다락의 모습을 살필 수 있어, 어린 자녀가 있는 가정에서도 안심하고 활용할 수 있다.

다락에 설치한 천창을 통해 따스한 햇살이 내부를 비추는 모습.

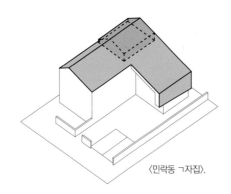

〈민락동 ㄱ자집〉.

층고가 높은 2층 거실과 다락의 일체화된 모습을 볼 수 있는 내부. 다락을 거실과 연결된 또 하나의 방처럼 사용할 수 있는 장점이 있다.

부족한 공간을 늘려 주는 곳

방 내부에 다락을 같이 만드는 방식은 방의 층고
가 높아져 확장감을 준다. 사용에 따라서는 다락
이 침실이 되기도 하고, 수납이나 책장을 두기도
하는 등 이용자의 라이프스타일에 맞게 공간을
활용할 수 있다. 또한 입체감 있는 방의 윤곽은 공
간에 정체성을 부여한다.

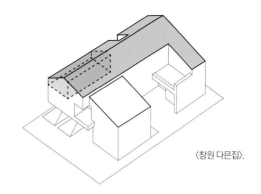

〈창원 다믄집〉.

〈창원 다믄집〉의 딸아이 방. 다락은 부족한 공간을 채워 주기도 하고,
잡동사니를 수납하거나 미니 도서관 등으로 활용되기도 한다.

〈창원 다믄집〉의 아들 방. 이곳의 다락은 방과 연계된 공간의 확장성
을 느낄 수 있게 해 준다.

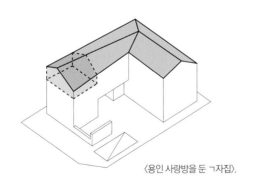

〈용인 사랑방을 둔 ㄱ자집〉.

〈용인 사랑방을 둔 ㄱ자집〉. 방 내부에 다락을 배치하면 방의 층고가
높아져 시원한 개방감을 줄 수 있다. 또한 다락 아래 공간을 활용함으
로써 어린 자녀들에게 아지트 같은 장소를 선물할 수도 있다.

가족의 꿈을 키우는 공간

집의 면적이 부족해 만들 수 없었던 가족의 취미 공간을 다락으로 만들 수 있다. 이때 하부 실들과 독립될 수 있도록 최대한 넓게 꾸며 다양한 활용이 가능하게 하는 것이 중요하다.

주변 풍경이 좋은 경우에는 넓은 창을 활용해 보다 풍성한 다락을 계획할 수 있다. 가족의 취미 공간인 넓은 다락은 아이에서 어른까지, 홀로 혹은 다 같이, 다양하게 활용할 수 있다는 장점을 지녔다. 고정된 기능의 장소로 한정되기보다는 언제나 변화할 수 있는 유연한 공간이 되는 것이다.

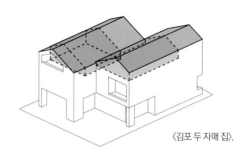

〈김포 두 자매 집〉.

〈김포 두 자매 집〉은 넓은 다락을 통해 아이들의 꿈이 무럭무럭 자라날 수 있길 바랐다. 최대한 넓게 구성한 다락 덕분에 어린 자녀들은 시간 가는 줄 모르고 함께 뛰놀며 행복한 시간을 보내고 있다.

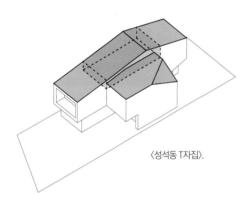

〈성석동 T자집〉.

〈성석동 T자집〉의 다락 공간은 네 살배기 쌍둥이 남매의 놀이터이자, 온 가족이 꿈을 키우는 공간이다. 2층 가족실에서 연결되는 다락은 복층형 구조를 통한 재미를 느낄 수 있다.

아이들의 신나는 놀이터

요즘은 아이에게 '집'이라는 공간이 즐겁고 놀이
터 같은 공간이었으면 하고 바라는 부모가 많아
졌다. 다락은 이러한 요구를 실현하기에 더없이
좋은 장소다. 한 예로 <통영 도마집>의 다락은 나
무 위의 오두막 같은 아지트를 만들어 주고자 탄
생한 공간이다. 내부 전체를 목재 합판으로 마감
한 이곳은 마치 오두막 같은 형상을 하고 있다.
또한 <화정동 삼각집>은 별을 좋아하는 형제를
위해 각 방에서 올라오면 하늘을 바라볼 수 있도

록 계획했다. 하늘을 향해 돌출된 창의 형태 덕분
에 개성 있는 다락을 완성시킬 수 있었다.

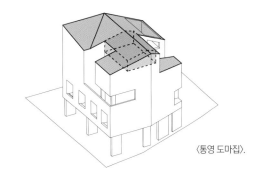

〈통영 도마집〉.

도서관을 품은 마당집이라는 의미의 〈통영 도마집〉. 건축주의 예산에
부담이 되지 않을 만한 상가 주택으로 완성했다.

이곳의 건축주는 도마집이 '놀이와 공부가 어우러진 놀이집'이길 바
랐다. 이에 가족실과 연결되는 다락에서는 아이들의 놀이와 공부가
동시에 이뤄진다.

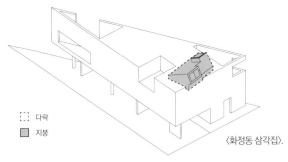

▨ 다락
⬛ 지붕

〈화정동 삼각집〉.

〈화정동 삼각집〉의 외관. 층별로 근린 생활 시설, 임대 공간, 건축주
세대를 위한 주거 공간 등으로 계획했다.

별 감상을 좋아하는 형제를 위해 천창을 설치했다. 하늘을 향해 돌출
된 창의 형태가 단조로울 수 있었던 다락에 독특함을 불러일으킨다.

기도할 수 있는 조용한 쉼터

다락을 독특한 용도로 활용하는 경우도 있다. 그 중 기도실은 하루 중 사용 횟수가 많지 않고, 사용 시간대가 정해져 있는 곳이기에 일상과 가까이 두기보다는 다락을 통해 활용하는 것이 좋다. 생활이 이뤄지는 층과 분리돼 조용한 분위기를 얻는 데 유리하고, 하늘이나 주변 경관을 배경으로 종교적 장소로도 만들 수 있다.

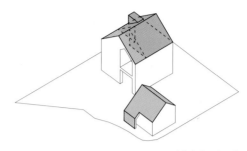

〈가평 네모 박공집〉.

가평 아침고요마을에 지어진 〈네모 박공집〉. 이곳의 다락은 기도할 수 있는 장소로, 건축주만의 독특한 용도로 사용하고 있다.

다양하게 활용하는 다목적 공간

여기서 다락은 말 그대로 멀티 공간의 역할을 한다. 〈가평 사랑방을 둔 ㄷ자집〉의 다락은 거실에서 어느 정도 가려진 방식을 취하면서도 선택적으로 소통이 가능하다. 또한 평상시에는 수납장으로 사용되며 손자들이 올 때는 아이들의 놀이터가 된다. 필요할 때는 방으로도 사용할 수 있어 그야말로 다재다능한 공간인 것이다.

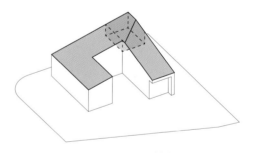

〈가평 사랑방을 둔 ㄷ자집〉.

가평 아침고요마을에 지어진 〈사랑방을 둔 ㄷ자집〉. ㄷ자형의 배치를 통해 마당이 다양하게 구분 지어진다.

다락은 멀티 공간의 역할도 톡톡히 해낸다. 평상시에는 잡동사니를 수납하는 장소로, 손자들이 올 때는 놀이터로 탈바꿈한다.

옥상 마당과 연계한 아담한 홈 바

다락을 통해 옥상 마당을 활용하는 주택들도 많다. 옥상 마당과 연계된 활용을 고려한다면 다락은 보다 다양한 바람을 현실화시키는 데 도움을 준다. 또한 높은 곳에 있는 옥상 마당은 주변 경관을 함께 즐길 수 있는 주요 장소다. 다락을 이러한 외부 공간과 연계해 배치하면 여러 용도로 사용 가능하다. 마당을 둔 서재나 음악실 또는 영화관 등 야외 이벤트까지 할 수 있기에 풍부함은 배가된다.

한 예로 <위례 工자집>의 경우 산 쪽 조망이 있는

옥상 마당을 활용하는 방법으로 다락에 홈 바를 뒀다. 가족이나 손님과 함께 옥상에서 간단한 파티를 열 수 있는 공간으로 꾸민 것이다.

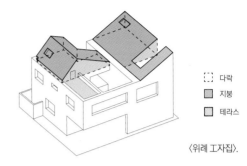

    :::: 다락
    ■ 지붕
    ■ 테라스

〈위례 工자집〉.

높은 곳에 위치한 옥상 마당에서는 주변 경관을 즐기면서 다양한 이벤트를 열 수 있다.

오르내리는 계단 한쪽에 책장을 설치해 옥상에서 독서를 즐길 수 있도록 꾸며놓은 것이 특징이다.

필요에 따른 '변신' 공간

단독 주택을 지을 때 비용 부족으로 원하는 만큼의 실을 만들지 못하는 경우가 있다. 이때 다락을 활용하면 비용을 절약하면서도 면적을 확보할 수 있다. <청라동 ㄱ+ㄴ집>은 비용에 맞게 일상의 사용 면적을 정하고 최소 비용을 들여 1층 부모님 댁 다락은 작업실로, 2층 딸네는 남편의 서재로 활용하다가 훗날 둘째가 생기면 아이 방으로 만들

고자 계획했다. 독립된 기능을 담는 공간이자 그대로 형태적 독립성을 드러내는 디자인의 다락인 셈이다.

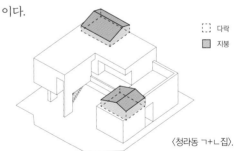

    :::: 다락
    ■ 지붕

〈청라동 ㄱ+ㄴ집〉.

〈청라동 ㄱ+ㄴ집〉 내부. 나무 계단을 통해 다락으로 올라갈 수 있다.

다락을 활용하면 부족한 방 개수의 아쉬움을 덜 수 있다. 특히 작업실이나 서재로 활용하면 보다 안락한 느낌을 받을 수 있다.